AF747459

Sucreries de canne en Afrique subsaharienne

César Kapseu, Ali Ahmed,
Paul Mingo Ghogomu, Carl Mbofung,
Guy Martial Ndong Essengue

Sucreries de canne en Afrique subsaharienne

Préface de Louis Yinda

Postface de Paul Henri Amvam Zollo

L'Harmattan

Autres ouvrages produits par les auteurs

César KAPSEU, Noël DJONGYANG, George ELAMBO NKENG, Maturin PETSOKO et Daniel AYUK MBI EGBE, *Énergies renouvelables en Afrique subsaharienne,* L'Harmattan, France, Cameroun, ISBN : 978-2-296-99102-6, 209 pages, (Préface : Pr. Jacques FAME NDONGO, Postface : Pr. Samuel DOMNGANG).

C. KAPSEU, Carl MBOFUNG et Paul H. AMVAM ZOLLO (2008), Actes de la conférence internationale « *Développement de l'agroalimentaire et création des richesses* », université de Ngaoundéré, Cameroun, 480 pages.

C. KAPSEU, C. F. ABI, *Guide pratique du séchage industriel de MUJUNDAR : Principes, équipements et nouveaux développements,* juillet 2010, ISBN 974-85913-9-5, Presses de Galma (Imprimerie du Soleil), Yaoundé, Cameroun, 218 pages.

C. KAPSEU, J. NGANHOU, J. BOUDRANT, J. CROUZET, (2002), Actes du séminaire d'animation régionale du réseau des chercheurs génie des procédés appliqué à l'agroalimentaire de l'Agence universitaire de la francophonie, Yaoundé, Cameroun, 416 pages.

KENGUE J., KAPSEU C. et KAYEM G. J. (2002), Actes du 3e séminaire international sur la valorisation du safoutier et autres oléagineux non conventionnels, Yaoundé, Cameroun, Presses Universitaires d'Afrique.

KAPSEU C. et KAYEM J. (2000), Actes du séminaire international sur le séchage et sur la valorisation du karité et de l'aiélé, Yaoundé, Cameroun, Presses Universitaires de Yaoundé, 463 pages, ISBN 2-911541-10-3.

KAPSEU C. et KAYEM G. J. (1998) ; Actes du 2e séminaire international sur la valorisation du safoutier et autres oléagineux non conventionnels, Yaoundé, Cameroun, Presses Universitaires de Yaoundé, 444 pages.

5-7, rue de l'Ecole-Polytechnique, 75005 Paris

http://www.harmattan.fr
diffusion.harmattan@wanadoo.fr
harmattan1@wanadoo.fr

ISBN : 978-2-343-04564-1
EAN : 9782343045641

A mon épouse Liliane Dalis et mes enfants, Stella, Aimé Junior, Edena Félicité, Laurence et Aliou Loïc Kapseu, et à tous les élèves-ingénieurs et ingénieurs de l'ENSIAAC et l'ENSAI

César Kapseu

Ahmed, Alamine et tous les étudiants de l'IUT de Ngaoundéré

Ali Ahmed

A la famille Paul Mingo Ghogomu et à la jeunesse camerounaise ;

Paul Mingo Ghogomu

A la famille Mbofung et tous les étudiants de l'ENSIAAC/ENSAI de Ngaoundéré

Carl Mbofung

A la famille Guy Martial Ndong Essengue et au personnel de la SOSUCAM

Guy Martial Ndong Essengue

En fin, à la coopération entre les secteurs public et privé et la promotion des métiers pour les jeunes

REMERCIEMENTS

L'aboutissement de ce travail nous offre l'occasion de nous acquitter d'un devoir de reconnaissance à l'égard de tous ceux qui, de près ou de loin, nous ont apporté leurs précieux concours.

Nous exprimons notre gratitude à Monsieur Louis Yinda, Président-directeur général de la société sucrière du Cameroun (Socucam) et au Professeur Paul Henri Amvam Zollo, Recteur de l`université de Ngaoundéré pour avoir accepté de préfacer et de postfacer respectivement.

Nous exprimons nos sincères remerciements à Messieurs Guillaume Ransom (Directeur général adjoint), Sylvain Chinnaya, Directeur des usines SOSUCAM, Nkoteng et Mbandjock, Thierry Owona (Directeur des ressources humaines), Jean Francois Ntsama (Directeur commercial), Patrice Duval (Directeur d'usine Mbandjock), Antonio Carvalho (Directeur d'usine Nkoteng), Roger Nanga (chef service de la raffinerie Mbandjock) et Yves Fotso (Chef Service sucrerie, Mbandjock) de la Société sucrière du Cameroun (SOSUCAM), Fridolin Owona (Chef service sucrerie, Nkoteng), Zontsop Etienne Directeur SABC Garoua, Charly Noula (Chef Service Raffinerie, Nkoteng).

Permettez-nous d`avoir une pensée pleine de reconnaissance à l`adresse de ceux et celles qui ont facilité la collecte des données nécessaires à l`aboutissement de cette recherche, Professeur Nso Emmanuel, Directeur de l`École nationale supérieure des sciences agro-industrielles de l'université de Ngaoundéré.

Nos remerciements vont également à Messieurs Yadji Roger, Ex Directeur de l'usine ADIC (Mbandjock), Jean Pierre Chaungueu, président du groupe des Systèmes informatiques et applications (SIA) et Monsieur Martin Azangué, Directeur de la Clé des Chateaux, Dr Paré Daouda, département de français de la faculté des arts, lettres et sciences humaines de l'université de Ngaoundéré pour leur soutien à ce projet.

Nous exprimons également nos sincères remerciements au Dr Nanseu Njiki Charles Teguy, Dr Djongyang Noël, Petsoko Mathurin, Wandji Mingué Patrick, Ngongang Simplice, Nyamsi Max, Fotso William, Kana Pierre, Nana Njontchou Sambalis, Nsangou Nchare Abdoulaye, Aymar

Awana Gassissou Pascal, Dr saidou Clément et bien d'autres personnes pour leurs diverses contributions à ce travail.

Nos remerciements vont aussi à l'adresse de nos collègues et étudiants de l'École nationale supérieure des sciences agro-industrielles de Ngaoundéré qui, au fil des ans, ont circonscrit le contexte d'exécution de ce travail.

Enfin, cet ouvrage n'aurait jamais vu le jour sans les concours soutenus et privilégiés de nos familles à qui nous adressons nos remerciements.

RESUME

Cet ouvrage dresse un état complet des connaissances sur la sucrerie de canne et ses métiers, processus qui permet de produire du sucre à partir de la canne. Ce processus permet également de produire de l'énergie sous forme de co-génération à partir de la bagasse. Si cette technologie est largement appliquée dans les pays sucriers comme l'Île Maurice, il n'en est pas de même pour les pays de l`Afrique subsaharienne. Ce domaine subit actuellement un regain d'intérêt du fait de la hausse du prix de l'énergie et de l'impérieuse nécessité de trouver de nouvelles sources d'énergie renouvelable. Pour accompagner ce développement, cet ouvrage dresse pour la première fois en langue française et en Afrique subsaharienne un état complet des connaissances théoriques et pratiques sur cette technologie et ses applications (fermenterie et distillerie). Cet important travail a nécessité la contribution de 5 spécialistes. Cet ouvrage traite de tous les aspects fondamentaux nécessaires à la connaissance (opérations unitaires, étapes de fabrication et métiers) mais aussi des aspects technologiques, et énergétiques. Une large place est consacrée au génie des procédés. Les professionnels, en particulier les agences d'ingénierie et de conception, trouveront dans ce livre qui s'appuie sur des exemples concrets, toutes les données pour mieux appréhender ces technologies et guider leurs prises de décisions. Cet ouvrage sera aussi une source importante d'informations pour les étudiants, dans un domaine en pleine mutation.

ABSTRACT

This book provides a comprehensive state of knowledge on sugar from sugarcane and its businesses, a process that enables the production of sugar from cane. This process also helps to produce energy in the form of co-generation from bagasse. If this technology is widely applied in the sugar country like Mauritius, it is not the same for sub-Saharan Africa countries. This area is currently undergoing a resurgence of interest due to the rising price of energy and the urgent need to find new sources of renewable energy. To support this development, sugar stands for the first time in French and in sub-Saharan Africa a complete state of theoretical and practical knowledge about this technology and its applications (fermenters and distillery). This important work required contributions of 5 experts. This work covers all the necessary fundamental knowledge (unit operations, manufacturing steps and jobs), but also technological and energy aspects. Considerable attention is devoted to process engineering. Professionals, particularly engineering and design agencies, will find in this work, based on concrete examples, all data to better understand these technologies and guide their decisions. This work will also be an important source of information for students, in a field with full mutations.

PREFACE

Il me plaît de saluer la parution du présent ouvrage qu`une équipe multidisciplinaire composée d`universitaires et de professionnels met à la disposition du grand public sous le titre *Sucrerie de canne en Afrique subsaharienne : procédés et métiers.* Cet ouvrage est le fruit d`une trentaine d`années de recherches sans répit et de la collaboration heureuse entre l`Université de Ngaoundéré (École nationale supérieure des sciences agro-industrielles et Institut universitaire de technologie) et la Société sucrière du Cameroun (SOSUCAM).

L'intérêt de cette publication, à mon sens, est quadruple, qui repose sur des aspects jusqu'ici peu expliqués au grand public :

Primo, *la culture de la canne à sucre.* L'expérimentation et la validation des propriétés physico-chimiques des cannes à sucre à utiliser dans les champs prennent 10 à 15 ans. Les dernières vérifications et expérimentations en pépinière durent trois ans, soit un total de 13 à 18 ans. Un nourrisson a le temps de devenir un adolescent... Actuellement, l'entreprise sucrière utilise cinq variétés de cannes, dont les plus importantes sont les variétés C0997 et B46364, lesquelles occupent plus de 70% du parcellaire cultivé. Mais un projet baptisé « Fuzz », lancé en 2005, devrait permettre à l'entreprise de se doter d'une nouvelle variété de cannes « plus résistante à la maladie et d'une teneur en sucre plus importante ».

Secundo, *l`usine.* Le sucre que renferment les tiges de canne est du saccharose. Ce saccharose fait partie des produits de la photosynthèse (transformation de l'énergie lumineuse en énergie chimique). La canne accumule ledit sucre dans ses tiges comme réserve énergétique. La quantité de saccharose contenue dans la canne est en moyenne de 12 à 15 %. Pour l'extraire et le concentrer, la canne doit être soumise à un traitement qui s'est complexifié avec les années. En effet, le sucre (saccharose) est produit à partir de la betterave sucrière ou de la canne à sucre. Par exemple, la production mondiale, qui se chiffrait à 130,5 millions de tonnes en 2000-2001, se répartit pour environ 72 % à partir de la canne à sucre et 28 % à partir de la betterave. Dans les deux cas, du début de la filière à la production du sucre final, l'objectif des sucreries est de partir d'une matière première la plus pure possible et de produire, avec un rendement optimum, un sucre de qualité. La sucrerie est donc principalement une industrie de séparation et de purification.

Principal pôle économique des populations de Mbandjock et de Nkoteng, deux localités du département de la Haute Sanaga abritant les deux usines de l'entreprise appelées « SugarValley », la société sucrière emploie quasiment les ressortissants de tous les coins du Cameroun. Après l'État et la Cameroon Development Corporation (CDC), la Sosucam, créée en 1965, est de nos jours le 3e employeur du Cameroun et le premier employeur privé avec plus de 7500 salariés. Dans ses plantations de Nkoteng et de Mbandjock qui couvrent 20.000 hectares, et où s'affairent chaque jour plus de 4000 ouvriers et 760 engins roulants, ce mastodonte de l'industrie agroalimentaire camerounaise récolte 1,2 million de tonnes de cannes à sucre, pour une production annuelle de sucre raffiné estimée à 130.000 tonnes. Les différents processus qui permettent de transformer une canne en un grain de sucre prêt à la consommation sont les suivants : nettoyage, coupe en morceaux, broyage, extraction, épuration, évaporation, cristallisation, séchage et façonnage. Ces étapes sont suivies par le raffinage du sucre brut obtenu.

Tertio, *la certification.* Le Groupe SOMDIAA (Société de management et de développement des industries agricoles et alimentaires) produit et distribue en Afrique ses différents sucres (blanc, blond, roux, cristal, morceaux) destinés aussi bien au grand public qu'aux sociétés agroalimentaires. Il exerce son savoir-faire et veille au respect rigoureux des normes de sécurité alimentaire. Le Groupe SOMDIAA distribue et commercialise les sucres sous des formes variées : granulé, morceaux, pains de sucre. Pour tous ces sucres, les filiales du Groupe proposent une large gamme de conditionnements : paquet (1 kg, 5 kg, 15 kg, 25 kg, 50 kg), doypack (750 g) et buchette (7 g). Ce Groupe a créé la première marque de sucre africaine : *Princesse Tatie.*

Le Groupe SOMDIAA applique quotidiennement une démarche qualité qui lui permet d'améliorer sans cesse son processus industriel. À ce titre, il a obtenu :

- Premièrement, la Certification ISO 9001 (2008), délivrée par Bureau Veritas Certification France ; elle est une reconnaissance des efforts fournis par la SOSUCAM pour gérer efficacement ses processus de manière à satisfaire ses clients et à garantir la sécurité sanitaire des sucres qu'ils consomment.

- Deuxièmement, la certification de conformité des sucres à la norme camerounaise - NC 11 (2001), délivrée par l'administration publique suite à un audit réalisé par un cabinet indépendant ; cette certification démontre la capacité de la SOSUCAM à fabriquer des sucres qui respectent des standards internationaux en matière d'hygiène et de protection des consommateurs.

Quarto, le contexte géographique. Le groupe SOMDIAA s'est enrichi de quatre nouvelles sociétés, à savoir SUCAF Gabon, SUCAF Centrafrique, et SUCAF Ferké 1 et 2 de la Côte d'Ivoire, en plus des quatre autres SOSUCAM 1 et 2 au Cameroun, SARIS (Société agricole de raffinage industriel du sucre) au Congo-Brazzaville, et la CST (Compagnie sucrière du Tchad) au Tchad. Il convient de faire remarquer que le titre de l'ouvrage trouve ici toute sa signification. Cette répartition géographique en Afrique subsaharienne renforce la mobilité des cadres de la sucrerie et complète leurs compétences en gestion des ressources humaines (multiculturelle, multi-sites). Il convient de faire remarquer que ceux qui travaillent à la sucrerie sont très fiers d'obtenir ces quatre compétences (culture-transformation-certification-mobilité), conditions qu'on trouve rarement regroupées en un seul endroit.

C'est donc dire que l'ouvrage que le lecteur tient en main est d'un intérêt certain. Il met à la disposition du public des informations spécifiques sur les procédés de fabrication du sucre à partir de la canne, et sur les métiers qui produisent des tonnes de sucre par an. Ce sucre est vendu aux brasseries, aux confiseries et aux grossistes pour les marchés des ménages.

La présente œuvre littéraire a été réalisée en conformité avec les normes structurelles et rédactionnelles d'un ouvrage : il comporte un avant-propos, une introduction générale, une partie analytique, une conclusion générale, des références bibliographiques, des index et des sujets de travaux dirigés avec corrections quelquefois. Les auteurs se sont évertués à rendre équilibré l'ensemble des chapitres du livre (théorie, pratique et pédagogie).

Comme discours critique, le livre qui progresse dans une exégèse de 6 parties se construit sur les points suivants :

1) La consommation camerounaise en sucre est évaluée à cent soixante mille tonnes par an. La production actuelle (cent trente mille tonnes par an) est loin de satisfaire la demande.

2) Le projet FUZZ est lancé à la Société sucrière du Cameroun. Il convient d`accompagner cette initiative par le renforcement de la collaboration entre l'Université et l'entreprise.

3) Face à la crise énergétique avec les perspectives d'augmentation de la production, la co-génération apparaît comme une solution afin de combler le déficit. En effet, à partir des résidus de sucrerie (mélasse et bagasse), une filière sur les biocarburants est prometteuse.

4) Nous sommes convaincus que la sucrerie va continuer à se développer ; c'est un filon qui fait la fierté des populations locales.

Je termine en relevant la valeur, les qualités scientifiques et technologiques fort remarquables des auteurs, et je convie le plus grand nombre à la lecture et à la diffusion la plus large de cet ouvrage, afin que la sucrerie et ses métiers deviennent, pour ainsi dire, la tasse de thé de tout un chacun.

Bonne lecture !

M. Louis YINDA

Président-Directeur Général de la Société Sucrière du Cameroun (SOSUCAM)

Médaillé de la Légion d'Honneur (France)

Commandeur de l'Ordre de la Valeur (Cameroun)

AVANT-PROPOS

Le Cameroun occupe la place de leader en production de sucre en Afrique centrale. Ainsi, le Président-directeur général de la Société sucrière du Cameroun (SOSUCAM) est le président de l`interprofession sucrière en Afrique centrale. De plus, les produits dérivés (exemple : la mélasse) du sucre sont transformés en vue de produire des gammes variées d`autres produits (alcools de bouche et pour la pharmacie). La "SugarValley" est née au Cameroun après le rachat de la Camsuco (Cameroon Sugar Company) par la Sosucam. La sucrerie peut couvrir les besoins d`une partie de la population en énergies par la co-génération. Les sous-produits de la fabrication du sucre comme la mélasse et la bagasse peuvent être les matières premières de plusieurs autres industries dont les alcools, les biocarburants, la levure et l'alimentation pour bétail.

Cet ouvrage en sucrerie a ainsi pour objectif de contribuer à combler le vide en littérature dans ce domaine. Eu égard à son expérience dans la formation et la recherche sur les procédés de transformation et des contacts judicieux avec les entreprises du secteur sucrier, l'Institut universitaire de technologie (IUT) et l'École nationale supérieure des sciences agro-industrielles (ENSAI) disposent de structures et d'un corps enseignant capables de relever ce défi avec la collaboration des industriels.

L`IUT et l`ENSAI de l'Université de Ngaoundéré constituent un pôle d'excellence en agroalimentaire et en ingénierie, pratiquement le seul en Afrique subsaharienne francophone qui couvre tous les secteurs de l'agroalimentaire (procédés, équipements, maintenance, chimie, contrôle qualité et gestion de l'environnement). L`IUT et l'ENSAI sont dotés d'un certain nombre d'équipements en la matière et d'un personnel enseignant qualifié, mais ayant aussi une expérience avérée dans les procédés agro-industriels ; cet ouvrage serait l'occasion de valoriser leur savoir-faire. La région de l'Adamaoua en général, et Ngaoundéré en particulier, offre des conditions particulières au développement des graminées (maïs, canne à sucre). L'usine de production de maïs (MAISCAM) se trouve à 20 km de l'Université de Ngaoundéré. Ceci offre l'opportunité d'une collaboration intense non seulement avec la société sucrière du Cameroun, mais également avec MAISCAM. L'un des résultats de cet ouvrage serait la maîtrise des plantes de la famille des graminées pour la création de petites unités de transformation et le bien-être des populations. La sucrerie offre l`opportunité par la co-génération (bagasse) et les biocarburants (bioéthanol) d`un développement des énergies alternatives.

INTRODUCTION

La canne à sucre (« Saccharum officinarum »)[1] est une graminée principalement cultivée dans les régions tropicales et subtropicales. Depuis la préhistoire, la canne à sucre et le miel furent longtemps les seules sources de sucre de l'humanité. La canne à sucre contient jusqu'à 16 % de saccharose dans ses tiges, dont jusqu'à 96 % peut être extrait lors d'un processus industriel. La canne à sucre est connue en Chine, en Inde et en Égypte depuis des millénaires. Les théories les plus récentes font remonter son origine à la Nouvelle-Guinée. De ce berceau, la culture de la canne à sucre aurait été exportée vers les Nouvelles-Hébrides, la Nouvelle-Calédonie, les Célèbes, Bornéo, Java, l'Indochine, l'Inde et la Chine. Les peuples d'Orient apprirent l'existence du roseau sucré lorsque les troupes d'Alexandre le Grand explorèrent la vallée de l'Indus. À travers l'histoire de l'humanité, le brassage des populations dû aux guerres et aux échanges commerciaux participa largement à l'expansion de la canne à sucre.

C'est avec les croisades que le sucre s'est répandu en Europe. L'industrie de la canne devient donc importante dans le sud de l'Espagne et le commerce du sucre de canne provenant du Moyen-Orient tombe sous le contrôle des commerçants vénitiens. Par la suite, la culture de la canne à sucre fut introduite dans les colonies : Madère, Îles Canaries, Açores, République dominicaine, Haïti, Porto Rico, Cuba, etc.

À la différence de la betterave, la canne à sucre est cultivée dans les pays tropicaux. De ce fait, elle est exportée sous forme de sucre brut provenant des usines appelées « moulins » qui fonctionnent dans le voisinage des champs de culture. Le raffinage du sucre brut est donc effectué par la suite dans les « raffineries » situées dans les pays importateurs.

À la base, le procédé d'extraction du sucre de canne blanche est assez semblable à celui du sucre de betterave. Excepté pour l'étape d'extraction initiale, les opérations sont similaires. Lorsqu'on extrait du sucre brut

---

[1] Arzatea, « Extraction et raffinage du sucre de canne », Centre de recherche de développement et de transfert technologique en acériculture, Saint-Norbert d'Arthabaska, Québec Canada, 25 novembre 2005, 45 pages.

dans les moulins, le procédé est légèrement différent puisque l'épuration calco-carbonique n'a pas lieu. La décoloration du sucre est donc faite plus tard lors du raffinage.

L'industrie du sucre de canne est considérée comme un secteur mûr reposant sur les principes de base développés au XIXe siècle. Cette industrie éprouve des changements, y compris des développements technologiques. L'économie d'énergie a toujours été un point clé dans l'avancement de la technologie.

De plus, l'effet des opérations de la sucrerie sur l'environnement a certainement influencé l'utilisation de nouvelles et diverses technologies. La conversion du procédé en temps différé vers un procédé en continu et l'accroissement de l'extraction de saccharose sont à la base de ces changements technologiques.

Nous avons opté pour un plan en quatre parties

La première partie présente le génie des procédés ; la deuxième partie présente les technologies sucrières ; les industries connexes sont présentées à la troisième partie et enfin, la quatrième partie présente l'économie d'énergie et la co-génération.

PREMIÈRE PARTIE

GÉNIE DES PROCÉDÉS

CHAPITRE 1

GÉNÉRALITÉS

1.1 Rappel historique

Pendant longtemps, la production dans l'industrie a été fondée uniquement sur l'expérience. La science moderne, née à la suite des travaux de Galilée et de Newton, se fonde sur la faculté cogitative de l'être humain, mais elle fait aussi appel à l'expérimentation pour mieux connaître la nature.

Ces trois sources d'inspiration :

- Expérience,
- faculté cogitative de l'être humain,
- expérimentation,

ont permis de définir les lois générales des mathématiques, de la physique et de la chimie.

À la suite des progrès de la science, la production dans l'industrie a augmenté et progressé considérablement. L'examen de cette remarquable évolution soulève le problème suivant : ***"est-il possible de formuler à l'aide des Mathématiques, des lois générales de la production dans l'industrie analogues à celles utilisées dans le domaine des sciences pures*** ?"

Les premières tentatives dans cette direction datent des années 20 et aujourd'hui, à la suite des travaux accomplis dans ce domaine, on peut affirmer que les résultats obtenus sont fort satisfaisants. Ainsi donc, la chimie industrielle s'est transformée en une science exacte qui est le génie chimique.

"Le Génie Chimique est donc l'application simultanée des principes des Sciences Physiques, des Sciences Economiques et des relations humaines dans les domaines qui appartiennent aux Procédés et à leurs Équipements, dans lesquels la matière est traitée en vue d'un changement d'état, d'énergie ou de composition ". ***Extrait du statut de l'A.I.Ch.E.***

1.2 Comment est-on passé du génie chimique au génie des procédés

Toute transformation de la matière présentant un intérêt technico-économique est portée à l'échelle industrielle par l'ingénieur de génie chimique. Celui-ci élabore un schéma de fabrication (le procédé) et, pour le démarrage d'unités nouvelles ou l'amélioration d'installations existantes, simule les opérations physiques et chimiques ou biologiques mises en jeu.

Si le génie chimique est né de la chimie du pétrole, il s'adresse aujourd'hui à bon nombre d'industries qui utilisent ses concepts. L'intérêt porté aux règles essentielles du génie chimique par les secteurs aussi divers que la pharmacie, l'agroalimentaire, la cosmétologie, les matériaux et les engrais, justifie l'appellation plus courante de génie des procédés.

L'ingénieur de génie des procédés s'appuie sur les lois fondamentales décrivant les mécanismes physiques des transferts de chaleur (thermique et thermodynamique), de matière (opérations unitaires) et de quantité de mouvement (mécanique des fluides), ainsi que sur les lois de cinétique chimique.

Grâce aux outils mathématiques et informatiques, les études théoriques complétées par des essais en laboratoire lui permettent de dimensionner les différents éléments des installations (exemple : volume d'un réacteur chimique ou biochimique) et d'en optimiser l'agencement. Outre son rôle d'architecte, l'ingénieur en génie des procédés a pour mission de faire fonctionner les installations qu'il aura conçues.

La vocation du génie des procédés est d'apporter des solutions pour une production industrielle sûre, fiable, sans pollution, le tout au moindre coût. Dans le cas des pays en voie de développement, l'objectif est de mettre sur pied, en se basant sur les lois fondamentales des sciences physiques, des équipements fiables, robustes, d'entretien facile en utilisant des matériaux locaux : ***c'est le Génie des Procédés Rustiques***.

Le génie des procédés peut être traité de trois façons différentes :

- l'analyse des procédés de fabrication, en partant de la matière première jusqu'aux produits finis. C'est un point de vue technologique qui met en parallèle et analyse tous les procédés de fabrication existants ;
- l'étude comparative des machines, des appareils et des installations utilisés dans différents procédés de fabrication du point de vue des

opérations unitaires. Cette étude est donc indépendante des procédés de fabrication, elle met en parallèle les machines, appareils et installations utilisés ;

- l'analyse des procédés du point de vue économique.

Si nous considérons que le point de vue technologique est une analyse verticale, il étudie les procédés de fabrication à partir des matières premières jusqu'aux produits finis (de manière ascendante : verticale). L'étude comparative des machines est donc une étude horizontale, car elle met à côté des uns et des autres les équipements utilisés afin de les comparer, et enfin l'étude économique de la production qui est perpendiculaire aux deux autres, c'est-à-dire qu'elle se situe suivant la troisième dimension.

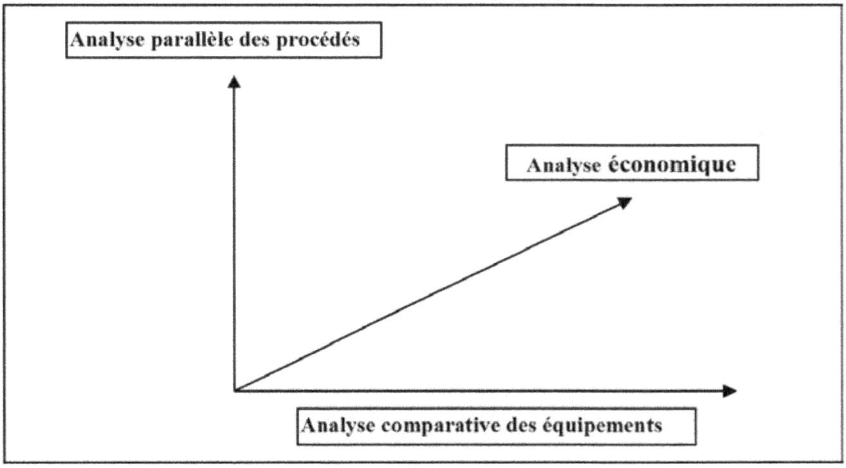

Figure 1 : Schéma représentant les trois types d'analyses.

Il vient donc, d'après cette représentation, que la division des ingénieurs en trois branches :

- ingénieur technologue, responsable du choix du procédé ;
- ingénieur bureau, responsable de la détermination des installations ;
- ingénieur économiste, responsable de la conduite optimale de la production,

est utile et commode, mais pour le praticien, c'est surtout la synthèse de ces trois domaines de connaissance qui est essentielle, car pour assurer son travail, la connaissance et l'application d'une seule de ces branches n'est pas suffisante.

1.3 Sciences des procédés

Par définition, un procédé est une manière de s'y prendre pour faire quelque chose.... Dans le cas de l'ingénieur ou du " Technicien " des industries tout court, cette chose n'est autre que la transformation d'une matière première en produit fini en agissant avec ordre, méthode et par raisonnement.

Considérons le cas général de la transformation des produits en tenant compte de leurs seules caractéristiques physiques (état).

Le produit initial peut être un :

- gaz ;
- solide, tendre ou dur ;
- liquide, peu ou assez visqueux.

Afin de le transformer de son état physique initial vers un produit fini liquide, liquide concentré, solide sec, solide surgelé..., on devrait lui imposer un certain nombre d'opérations minutieusement choisies parmi les suivantes : transport, séparation, broyage, mélangeage, chauffage, refroidissement, évaporation, déshydratation, surgélation....

Il découle de cette schématisation que les sciences des procédés font appel à des disciplines aussi diverses, notamment :

- la thermodynamique ;
- la mécanique des fluides ;
- le transfert de matière ;
- le transfert de chaleur ;
- la cinétique chimique, biochimique et microbiologique ;
- la dynamique des systèmes.

La somme des connaissances acquises dans ces disciplines permet d'aborder les différents aspects du génie des procédés, à savoir :

- l'aspect conceptuel :

• connaissance qualitative et quantitative des procédés ;

• prédiction, calcul et optimisation d'installations faisant appel à l'analyse dimensionnelle et à la similitude.

- L'aspect technologique :

- réalisation et conduite optimale d'équipements et installations.

Tout au long de sa formation, l'ingénieur reçoit des enseignements lui permettant d'opérer dans les domaines de la recherche et développement, de la fabrication (production), de l'ingénierie et technico-commercial. Ces connaissances le rendent apte à la conception des procédés de transformation et de traitement de la matière, à l'optimisation technique, énergétique et économique, à la mise au point et à l'amélioration des équipements et à l'automatisation, en tenant compte des spécificités de la matière et des contraintes de qualité.

L'essentiel de ces enseignements se trouve dans l'étude des opérations unitaires physiques suivantes :

- Transport de matériaux :

- pompage des fluides ;
- transport pneumatique ;
- transport sur tapis roulant...

- Traitement de solides :

- nettoyage ;
- tamisage ;
- broyage ;
- décantation ;
- sédimentation ;
- centrifugation ;
- filtration ;
- fluidisation ;
- découpage.

OPÉRATIONS UNITAIRES MÉCANIQUES

- mélangeage ;
- humidification ;
- salaison ;
- emboîtage ;
- emballage...

- Traitement thermique :

- chauffage ;
- cuisson ;
- blanchiment ;
- pasteurisation ; **<u>TECHNIQUES DE CONSERVATION</u>**
- stérilisation ;
- refroidissement ;
- réfrigération ;
- congélation....

- Séparations :

- extraction ;
- distillation ;
- séchage et déshydratation ;
- évaporation et concentration ;
- lyophilisation ;
- cristallisation ; **<u>OPÉRATIONS UNITAIRES DE TRANSFERT</u>**
- micro et ultrafiltration ;
- osmose inverse ;
- adsorption ;
- échange d'ions.

1.4 Notion d'unité d'opération

Pour transformer la matière première en produit fini, l'homme utilise des outils de travail (machines, outils, appareils, instruments...), qui ne subissent pas de changement essentiel pendant la transformation de l'objet de travail (matière première), sauf en cas de pannes. Le changement profond conduisant de la matière première au produit final est le résultat d'une série de transformations effectuées avec de nombreux outils appropriés.

Chacune de ces transformations unitaires nécessite la présence et l'influence mutuelle de trois facteurs :

- l'objet du travail qu'on veut transformer ;
- l'outil de travail qui sert à la transformation de l'objet ;
- l'activité de l'homme qui coordonne l'objet et l'outil en vue de la transformation.

L'ensemble de ces trois facteurs est désigné par le terme " unité d'opération " dont la description complète exige la connaissance des grandeurs qui la définissent et surtout, qu'elles soient mesurables.

Les changements et autres phénomènes qui se produisent dans l'unité d'opération sont de nature physique, chimique, biochimique et sont influencés par les lois de la nature. Par ailleurs, ils sont de nature économique, et partant, sont régis par les lois économiques.

Il faut donc pour une gestion cohérente et efficiente d'une unité d'opération, certes un minimum de bagage mathématique, mais il faut aussi et surtout un maximum de bon sens, c'est-à-dire passer d'abord par un stade qualitatif (que se passe-t- il ? Dans quel sens évolue tel facteur de sortie si je module tel facteur d'entrée ? Quel est le facteur limitant la vitesse ou le niveau de tel processus ?...). Autant de questions auxquelles il faut pouvoir répondre avant d'aborder les modèles mathématiques plus ou moins complexes.

1.5 Les opérations unitaires

Dans la plupart des industries (chimiques, agricoles et alimentaires, biologiques...), il existe une similarité par laquelle une matière servant d'alimentation est transformée vers un autre état ou en produit fini.

Ces procédés physiques, chimiques ou biologiques, apparemment différents, peuvent être découpés en une série d'étapes distinctes appelées " opérations unitaires ", et qui sont communes à tout type d'industrie de transformation.

Les opérations unitaires se subdivisent ainsi en deux groupes :

- les opérations unitaires sans transfert de matière entre phases (opérations unitaires mécaniques) ;
- les opérations unitaires mettant en jeu un transfert de matière et/ou de chaleur (opérations unitaires thermiques).

Nous aborderons dans cet ouvrage la seconde classe d'opérations unitaires.

1.6 Types de conduites d'opérations

Le plus souvent, on procède dans les échangeurs de chaleur ou de matière à un écoulement des phases en présence, en parallèle et à contre-courant. Cependant, il existe d'autres façons de conduire ces opérations, notamment :

- Les opérations simples

Encore appelées opérations à co-courant, elles correspondent à un appareil comportant un seul étage. L'étage étant un appareil ou une partie d'appareil où des phases sont mises en contact intime et où s'effectue un transfert tendant à l'établissement d'un équilibre. Si l'état d'équilibre y est effectivement atteint, on parle d'étage théorique ou d'équilibre.

- Les opérations à flux croisés

Ce sont des opérations constituées d'un certain nombre d'opérations simples, et où le flux d'une des phases dans chaque étape reste constant à l'entrée.

- Les opérations à contre-courant

Ce type d'opération est constitué d'un certain nombre d'opérations simples, reposant sur l'échange entre deux phases ayant des flux allant dans des sens inverses.

- Les opérations à reflux ou à recyclage

Dans ce type d'opération, une fraction d'une des phases en présence est retournée en permanence dans le système.

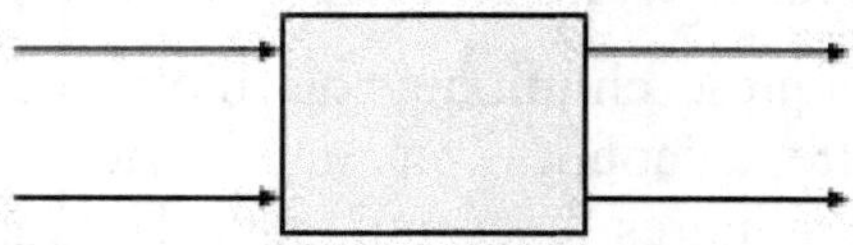

Opération simple : $L_o + S_o = L_n + S_1$

Figure 2 : Opération simple.

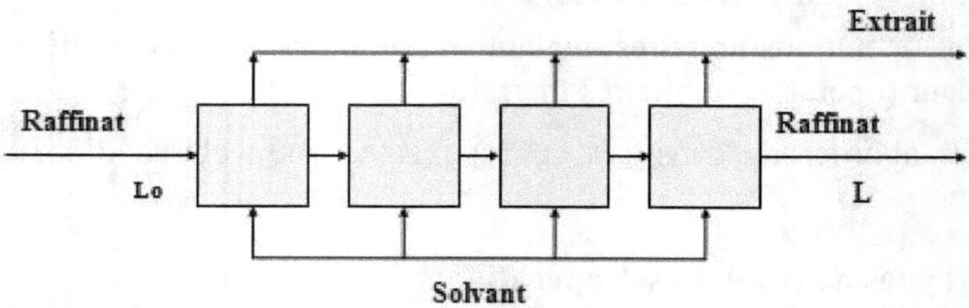

Opération à flux croisé : $L_o + \sum S_{i(0,n-1)} = L_n + \sum S_{i(1,n)}$

Figure 3 : Opération à flux croisés.

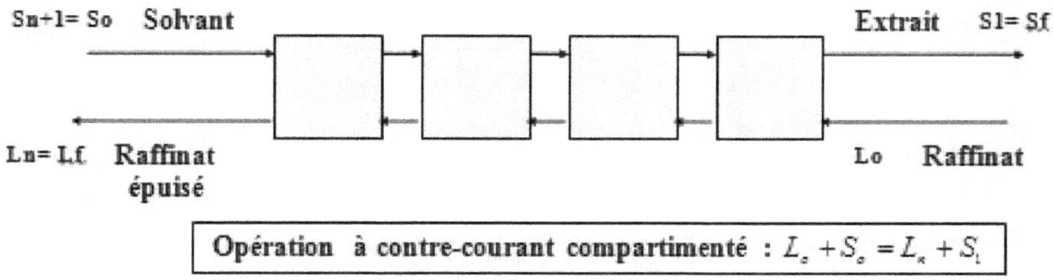

Figure 4 : Opération à contre-courant compartimenté (cascade).

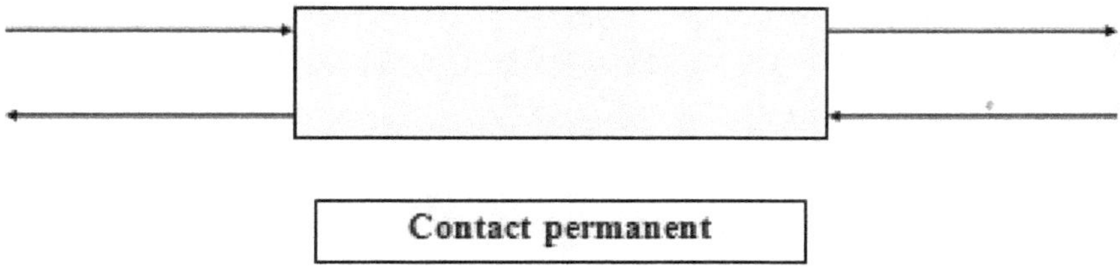

Figure 5 : Opération à contact permanent.

Cette opération est équivalente à une opération simple à contre-courant.

Résumé : Dans le but d'atteindre des performances appréciables, il n'est pas toujours souhaitable d'atteindre l'équilibre, car l'appareil nécessaire pour y parvenir est parfois onéreux et la durée de l'opération élevée. Pour ce faire, on préfère un appareil simple et un temps court, même si le nombre d'étages requis est important. Le calcul d'une installation de transfert revient à déterminer le nombre d'étages théoriques et à l'aide du coefficient d'efficacité, établir le nombre d'étages réels nécessaires (moins efficaces).

CHAPITRE 2

SÉCHAGE

2.1 Définitions

Le séchage est une opération unitaire ayant pour but d'éliminer partiellement ou totalement un liquide imprégnant un solide ou un liquide. Il convient de dire que la concentration, la dessiccation, la déshydratation, le pressage, l'essorage centrifuge, l'égouttage sont autant d'opérations d'élimination d'humidité. Bien qu'ayant les mêmes objectifs, elles diffèrent fondamentalement par les mécanismes de transfert d'humidité mis en jeu ou, dans une moindre mesure, par la nature du produit initial ou final.

A ce titre, on peut considérer :

- la concentration qui obéit aux mêmes lois de transfert que le séchage, traite des produits liquides pour aboutir à des produits liquides, tandis que le séchage traite des produits liquide, solide ou pâteux pour aboutir à un solide ;

- l'égouttage, le pressage, l'essorage centrifuge visent certes à éliminer une partie de l'humidité, mais la force motrice mise en jeu est purement mécanique, sans transfert de chaleur, mais par simple transfert de quantité de mouvement. Il convient également de signaler que dans ce type d'opération, l'humidité extraite est, sauf de rares cas, pure. Elle se compose généralement d'une solution plus ou moins riche en extrait sec.

Le terme **déshydratation** a un sens plus restrictif. Il ne concerne que l'élimination de l'eau dans un solide ou dans un liquide et se trouve parfois confondu au terme séchage, surtout lorsqu'il s'agit des produits biologiques alimentaires où le solvant à éliminer est généralement de l'eau. En effet, le produit humide est considéré comme étant un système biphasé comprenant une quantité d'eau sorbée par un substrat sec.

En effet, l'**humidité** représente le liquide contenu dans le corps solide, liquide ou pâteux, et devant être éliminé au cours du séchage. Le **taux d'humidité (X)** est le rapport entre la masse du liquide contenu dans le corps humide, sur la masse du corps à sécher. Si cette masse est prise par rapport au corps humide, on parle de taux d'humidité en 'base humide' ;

si c'est par rapport au poids sec, on parle de taux d'humidité en 'base sèche'. Il est conseillé de choisir la seconde référence (masse anhydre). Parlant de l'**état de siccité,** un corps anhydre est un corps dont le taux d'humidité est nul et un corps sec ou séché correspond au produit tel qu'il est obtenu à la sortie du sécheur (son taux d'humidité n'est pas forcément nul). **Taux d'humidité à l'équilibre :** un corps humide placé dans une enceinte de volume important, où l'humidité relative et la température sont constantes, voit son taux d'humidité se stabiliser à une valeur dite d'équilibre. Cette valeur d'équilibre dépend de la nature de l'humidité et du corps humide, de la masse et de la pression partielle.

Notion sur l'activité de l'eau

Le degré de liberté de l'eau imbibant un produit donné se mesure par la pression de vapeur saturante P émise par ce produit en comparaison avec la pression de vapeur saturante de P^* émise par l'eau libre à la même température.

La tension de vapeur représente en fait la plus ou moins grande facilité qu'ont des molécules pour s'échapper de la surface libre d'un liquide. Elle est d'autant plus grande que les molécules sont petites, que les interactions entre elles, dans l'état liquide, sont faibles, et que l'agitation thermique, c'est-à-dire la température est plus élevée.

De ce fait, si l'eau se trouve à l'état libre dans le produit, on aura $P = P^*$. Si par contre l'eau est liée au substrat sec par des forces de liaison physico-chimiques, on aura $P < P^*$.

Le rapport $a_W = \frac{P}{P^*}$ définit l'activité de l'eau dans le produit. Cette activité est comprise entre 0 et 1, et est d'autant plus faible que les forces de liaison sont importantes et tendent vers l'unité lorsque l'eau se rapproche de l'état libre.

Au cours de la déshydratation, les molécules d'eau faiblement liées (eau libre) sont d'abord éliminées ; ensuite, la dernière fraction extraite correspond à l'eau liée. L'activité de l'eau a_W diminue en même temps que la teneur en eau (X_e), la courbe $a_W = f(X_e)$ est appelée **courbe de désorption**. Cette courbe est classiquement divisée en trois zones correspondant aux valeurs d'activités suivantes :

- $0 < a_W < 0{,}2$ couche d'eau liée (état rigide) ;

- $0,2 < a_W < 0,6$ état mal défini (pseudo-liquide) ;
- $0,6 < a_W < 1$ eau libre (état liquide).

L'**isotherme d'adsorption** c'est la courbe représentant le taux d'humidité à l'équilibre en fonction de l'humidité relative ; l'humidité relative étant le rapport entre la pression du solvant et la pression de vapeur saturante du solvant.

2.2 Mécanisme d'élimination d'humidité

Nous nous intéresserons spécialement à l'élimination par voie thermique qui fait intervenir à la fois le transfert de masse et le transfert de chaleur.

On distingue :

- le séchage **par ébullition** : dans ce type de séchage, le produit objet du séchage est porté à une température telle que le liquide qu'il contient atteint sa température d'ébullition à la pression de service considérée, c'est-à-dire que la pression de vapeur du liquide égale la pression totale régnant dans l'équipement (séchoir). Généralement, au cours de cette opération, la chaleur est transmise par conduction suite à un contact direct entre le produit et une source de chaleur. C'est la raison pour laquelle on parle de séchage par conduction ;

- le séchage **par entraînement :** où le produit à sécher est mis en contact avec un gaz préalablement chauffé et en mouvement (vent). Le gaz, en se refroidissant, fournit l'énergie nécessaire à la vaporisation du liquide du produit. On parle également de séchage direct ou par convection. La température du gaz doit être supérieure à celle du produit et la pression de vapeur du solvant inférieure à la pression dans l'enceinte de séchage.

On peut également qualifier l'opération de séchage par le mode d'apport de chaleur, c'est ainsi qu'on parle également de :

- **séchage par convection :** l'énergie nécessaire au séchage est apportée par un gaz en mouvement (régime turbulent autour du corps à sécher) ;

- **séchage par contact :** l'énergie thermique est apportée par contact direct entre le produit à sécher et une paroi chauffée ; les vapeurs libérées sont aspirées, ou entraînées par un gaz de balayage à faible débit (régime laminaire) ;

- **séchage par rayonnement :** il s'applique aux produits en plaque (viande, carton...), en film (tissu, papier...) ou de faible épaisseur (cigarette...). L'énergie est apportée par des rayonnements électromagnétiques (ondes).

2.2.1 Mécanismes de transfert de masse au cours du séchage

Le processus de séchage d'un produit quelconque n'est pas encore parfaitement appréhendé. Toutefois, on admet d'ordinaire que l'on est en présence de deux phénomènes fondamentaux dans le processus de séchage, notamment le transfert de chaleur et le transfert de masse. En effet, le transfert de masse exige pour être mis en route, une déstabilisation des liaisons établies entre les molécules d'humidité et celles du substrat, et pour cela, un apport d'énergie par transfert de chaleur est nécessaire.

Pour chacun de ces transferts, il y a un processus interne et un processus externe. C'est ainsi que le transfert de masse passe par l'évaporation de l'humidité à la surface du produit (externe) et le transfert de cette humidité de l'intérieur du produit vers la surface (interne), tandis que la chaleur est transférée de la source vers la surface du produit (externe), puis de la surface vers le cœur du produit (interne).

2.2.1.1 Évaporation superficielle

L'humidité s'évapore à la surface d'un produit de la même manière qu'elle s'évapore à la surface libre d'une nappe d'eau quelconque (lac par exemple). Tant que la totalité de la surface reste humidifiée en cours d'évaporation, la vitesse d'évaporation reste constante pour des conditions opératoires données. Les facteurs influençant cette vitesse sont :

- le débit d'air Q_a
- l'humidité de l'air H_a
- la température de l'air T_a

Par exemple, lorsque T_a augmente et que H_a diminue, la vitesse d'évaporation augmente. De plus l'augmentation du débit d'air permet de remplacer (renouveler) l'air d'entraînement qui se sature petit à petit.

2.2.1.2 Transfert interne d'humidité

Il existe deux mécanismes principaux de transfert d'humidité de l'intérieur vers la surface d'un produit, à savoir le transfert par **diffusion** et le transfert par **capillarité.** Ces deux modes de transfert sont influencés par la température des particules constitutives du produit, leur degré d'humidité et leurs dimensions :

- si la température augmente, le transfert est rapide ;
- si l'humidité diminue, le transfert devient lent ;
- si la taille des particules diminue, le transfert devient rapide.

Remarque : Le transfert par capillarité représente le flux de liquide qui emprunte les interstices, suite au phénomène d'attraction moléculaire entre le solide et le liquide, ou par gradient de pression. Aussi, l'enlèvement de l'eau par filtration, essorage ou par centrifugation ne constitue pas une opération de séchage (bien qu'ils soient utilisés comme tels lorsque le séchage thermique s'avère coûteux).

2.2.1.3 Vitesse de séchage

Les facteurs qui gouvernent les deux phénomènes précités déterminent la vitesse de séchage. La vitesse de séchage d'un produit varie pendant le cycle de séchage et reflète les modifications qui interviennent dans la composition du produit. La perte d'humidité modifie la structure de la cellule dans le cas des aliments ; car l'eau fait partie intégrante de toute matière organique. Elle est associée chimiquement et biochimiquement aux autres composants ; et son rôle n'est pas seulement passif, comme dans le cas d'un mélange constitué d'un matériau inerte (sable par exemple) et d'eau. Toutefois, on observe les phénomènes suivants :

- au début du séchage, le transfert d'humidité de l'intérieur vers la surface est suffisamment rapide. De ce fait, la vitesse de séchage ne dépend que de la vitesse d'évaporation superficielle qui est dans ce cas le processus limitant. C'est la phase au cours de laquelle seule l'eau libre du produit se vaporise à vitesse constante ;

- la teneur en eau critique est atteinte lorsque le flux de liquide de l'intérieur vers l'extérieur n'est plus suffisant pour maintenir cette surface complètement humide. A ce stade, la pression de vapeur de l'eau partiellement liée étant inférieure à celle de l'eau libre, il devient de plus en plus ardu de vaporiser cette fraction d'eau. Le transfert d'humidité de l'intérieur vers la surface devient contrôlant, et la vitesse de séchage chute. Cette seconde phase est dite période de vitesse décroissante ;

- on arrive enfin à un stade où il n'y a plus d'échange entre l'air et la surface, et où le séchage prend fin.

On dit que le produit a atteint un degré hygrométrique d'équilibre.

À partir des données expérimentales, la courbe d'humidité d'un produit peut être tracée en fonction du temps.

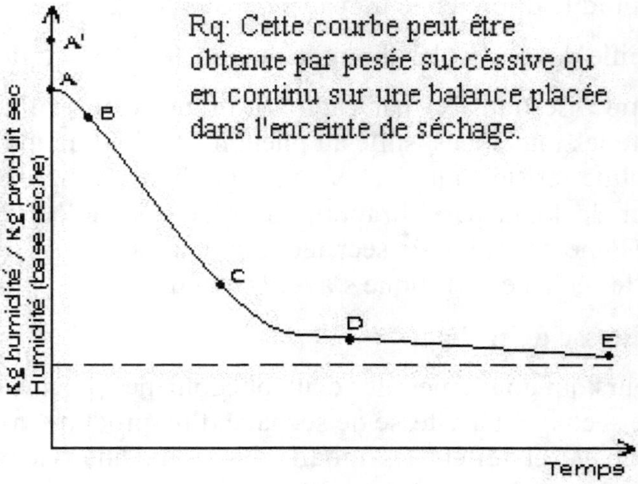

Figure 6 : Perte d'humidité en fonction de la durée de séchage.

Cette courbe peut être directement utilisable pour déterminer le temps nécessaire pour sécher un corps, et peut servir pour une extrapolation à des quantités plus grandes dans les mêmes conditions. On peut cependant en tirer plus d'informations si l'on convertit les données en termes de flux ou vitesse de séchage (courbe de cinétique de séchage). Pour cela, on exprime :

a) Vitesse de séchage

N = (masse d'eau évaporée/unité de surface/unité de temps) en ($Kg/m^2/s$) ;

b) Humidité

X = masse d'humidité/Kg de produit sec en (Kg eau/Kg produit sec).

Ainsi, si l'on considère des petites variations de l'humidité (teneur en eau) d**X** en fonction du temps dt, on aura :

$$N = -\frac{M_S}{A} \cdot \frac{dX}{dt} \qquad \textbf{(1)}$$

avec : Ms : masse de produit sec

A : surface humide offerte au gaz de séchage si l'écoulement est tangentiel (léchage), et sera la section du lit si l'écoulement s'effectue au sein du lit.

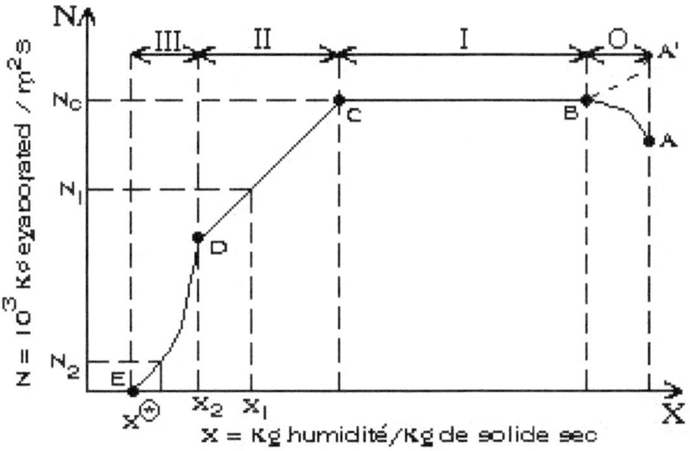

Figure 7 : Évolution de la vitesse de séchage en fonction de l'humidité.

Phase 0 : phase de mise en température où on observe un mouvement d'eau vers la surface sans vaporisation, cette phase est suffisamment courte pour être perçue dans certains cas.

Phase I : phase de vitesse constante, la surface étant toujours saturée d'humidité et où le processus d'évaporation superficielle est limitant.

Phases II et III : phases de vitesses décroissantes. En II, la surface est partiellement insaturée et en III, le processus diffusionnel est limitant.

En intégrant l'équation (1) entre x_1 et x_2, on a :

$$t = \int dt = \frac{M_S}{A} \cdot \int \frac{dx}{N} \textbf{ ou } -\frac{M_S}{A} \cdot \int \frac{dx}{N}$$

a) Phase de vitesse constante

Si l'humidité en fin de séchage est supérieure à la teneur en eau critique, cela signifie que nous sommes en présence d'eau libre.

x_1 et x_2 > x et N = N_c d'où le temps nécessaire pour atteindre x_2 partant de x_1 est :

$$t = M_S.\frac{x_1 - x_2}{A.N_C}$$

b) **Phases I et II (vitesses décroissantes)**

Nous sommes en présence d'eau partiellement ou entièrement liée avec x_1 et $x_2 < x_c$

- **Cas général :**

La vitesse peut être déterminée graphiquement par détermination de l'aire sous la courbe $f(x) = \frac{1}{N}$. Les données sont obtenues à partir de la courbe de perte d'humidité. Cette forme de détermination est plus fiable, à moins d'utiliser des méthodes numériques.

- Cas particulier.

On considère ici que la vitesse d'évaporation d'eau N est une fonction linéaire de la teneur en eau x, soit :

$N = m.x + b$; ce qui revient à $t = \frac{M_S}{A}.\int \frac{dx}{m.x + b}$

On sait par ailleurs que $x_2 < x_1$

avec :

$$N_1 = m.x_1 + b$$

et

$$N_2 = m.x_2 + b$$

donc :

$$N_2 = \frac{N_1 - N_2}{x_1 - x_2}$$

et partant :

$$t = \left[M_S.\frac{x_1 - x_2}{A.(N_1 - N_2)}.Ln\left(\frac{N_1}{N_2}\right) \right] = M_S.\frac{x_1 - x_2}{A.N_m}$$

Où N_m est la moyenne logarithmique de N_1 et de N_2.

Remarque : On considère, suite à un manque d'informations sur la forme de l'équation de la courbe (DE), que la totalité de la courbe de vitesse décroissante est une droite.

$$N = m\left(x - x^*\right)$$

et

$$N_C = m\left(x_C - x^*\right)$$

Donc :

$$N = N_C \cdot \frac{x - x^*}{x_C - x^*}$$

Avec x^* = humidité à l'équilibre

$$t = M_S \frac{x - x^*}{N_C . A} . Ln\left(\frac{x_1 - x^*}{x_2 - x^*}\right)$$

L'équation adéquate pour déterminer le temps de séchage nécessaire est choisie en fonction des valeurs de x_1, x_2 et x_c, c'est-à-dire en tenant compte de la zone dans laquelle on se situe.

2.3 Transfert de matière et de chaleur

Nous avons pu décrire convenablement les différentes phases de la cinétique de séchage. Les connaissances acquises nous permettent de maîtriser correctement le processus de séchage dans la phase de vitesse constante, cependant moins dans la phase de vitesse décroissante. Ainsi, nous établissons une relation entre la vitesse de séchage (capacité évaporatoire) et l'énergie consommée et ce, dans la seule phase de vitesse constante.

Considérons un matériau laissé à sécher dans les conditions suivantes :

Un solide d'épaisseur Z_s placé sur un plateau d'épaisseur Z_m, le tout plongeant dans un courant de gaz de séchage à la température T_G et d'humidité absolue Y (masse d'humidité/masse de gaz sec), s'écoulant avec un flux massique G (masse/temps/surface). L'évaporation de l'humidité s'opère à la surface libre du solide A_s dont la température est

Ts. La surface libre du solide reçoit de la chaleur sous plusieurs formes (sources) :

- Q_c par convection du courant de gaz ;
- Q_k par conduction à travers le solide ;
- Q_R par radiation à partir d'une surface chauffée à la température T_R.

Remarque : Toutes ces chaleurs reçues sont exprimées en termes de flux d'énergie (énergie par unité de surface de solide et par unité de temps).

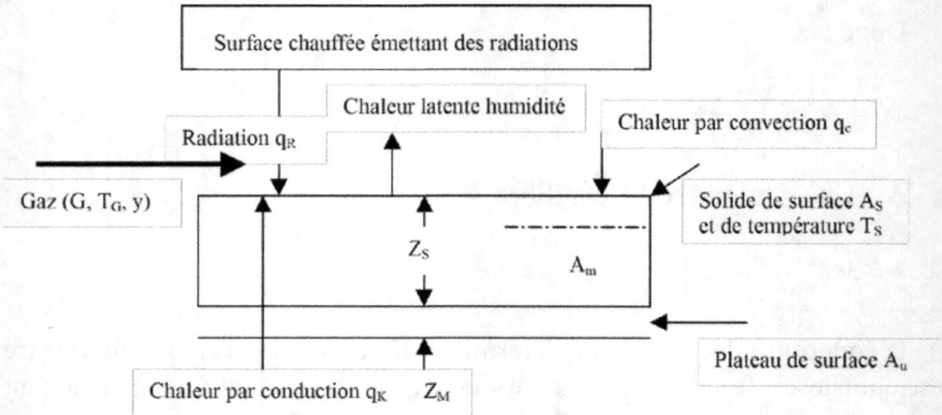

Figure 8 : Modes de transfert de chaleur.

En accord avec les phénomènes de transfert de matière déjà discutés, la chaleur qui arrive à la surface du solide indépendamment de la source est enlevée par l'humidité qui s'évapore, lorsque nous nous trouvons dans la zone de vitesse constante. Donc, la surface du solide gardera sa température constante tant que la surface est totalement humide ; et l'humidité reste égale à Y_s. Si la chaleur totale reçue est notée Q, on aura :

$$Q = Q_R + Q_K + Q_C$$

si on néglige le supplément d'énergie nécessaire pour porter la vapeur issue du solide à la température du gaz de séchage, et que l'on considère la seule chaleur latente de vaporisation λ_s. On peut relier le flux d'évaporation N_c (capacité évaporatoire) et le flux de chaleur de la manière suivante :

$$Q = N_C.\lambda_S$$

- la chaleur reçue par convection est contrôlée par le coefficient de transfert de chaleur h_c

$$Q_C = h_C.(T_G - T_S)$$

- la chaleur reçue par radiation est contrôlée par son coefficient de transfert h_R

$$Q_R = \varepsilon.5,729.10^{-8}.(T_R^4 - T_S^4) = h_R.(T_R - T_S)$$

avec $h_R = [(5,72910^{-8})(T_R^4 - T_s^4)/(T_R - T_s)]$

avec $5,75910^{-8}$ est constante de STEFAN-BOLTZMANN et ε est l'émissivité de la surface d'échange A_s

- la chaleur reçue par conduction est donnée par :

$Q_K = U_K.(T_G - T_S)$, on considère T_G comme température du plateau sur lequel est posé le solide, car il prend dès l'atteinte du régime stationnaire la température du gaz qui l'enveloppe. Le coefficient global de transfert de chaleur étant :

$$U_K = \frac{1}{\left[\frac{1}{h_c}.\frac{A}{A_u} + \frac{Z_m}{K_m}.\frac{A}{A_u} + \frac{Z_s}{K_s}\frac{A}{A_m}\right]}$$

avec :

h_c = coefficient de convection du plateau ≅ celui de la surface libre A_s ;

K_m,K_s = conductivités thermiques du plateau et du solide respectivement ;

A_u,A_m = surface de contact solide/plateau et surface moyenne du solide ;

A = résistance thermique dans la zone de contact.

Sachant que $N_c = K_y.(Y_s - Y)$

avec

K_y = coefficient de transfert de matière dans la phase gazeuse, Y_s et Y l'humidité de la surface du solide et du gaz respectivement. On peut combiner les équations de transfert de chaleur et de masse, ce qui permet d'écrire :

$$N_C = \frac{Q}{\lambda_S} = \frac{\left[(h_C + U_k)(T_G - T_S) + h_R.(T_R - T_S)\right]}{\lambda_S} = K_y(Y_S - Y)$$

ou encore :

$$\frac{(Y_S - Y).\lambda_S}{\dfrac{h_C}{k_y}} = \left(1 + \frac{U_K}{h_c}\right)(T_G - T_S) + \frac{h_R}{h_C}.(T_R - T_S)$$

Cette dernière équation permet de déterminer la température de la surface du solide, et présente un intérêt capital dans les opérations de séchage des produits alimentaires, lorsque les qualités nutritives sont prises en compte.

Si l'on s'intéresse à l'aspect énergétique d'une telle opération en continu, le bilan enthalpique doit tenir compte des flux de chaleur suivants :

- entrant avec l'air (fluide caloporteur) débit massique G et d'enthalpie massique H_G ;
- entrant avec le produit à sécher de débit massique M et d'enthalpie massique H_M ;
- sortant avec l'air usé de débit massique G et d'enthalpie massique H'_G ;
- sortant avec la vapeur (eau éliminée) de débit massique N_c et d'enthalpie massique H_N ;
- sortant avec le produit séché de débit massique M' et d'enthalpie massique H'_M ;
- perte à travers les parois ou fuite d'air chaud (négligeable car facile à éviter).

Si le produit à sécher est préalablement chauffé, ce qui est généralement le cas et arrive dans l'équipement à une température proche de celle évaporation de son eau libre, et qu'on se situe dans la seule zone de vitesse d'évaporation constante, on aura : $M.H_M$ qui sera sensiblement égale à $M'.H'_M$. De ce fait, le bilan s'écrira :

$$G.H_G = G.H'_G + N_C.H_N$$

On peut définir :

- le rendement thermique η de l'installation comme étant le rapport de la quantité d'énergie servant à l'élimination de l'eau et de la quantité totale d'énergie mise en œuvre :

$$\eta = \frac{N_C.H_N}{G.H_G} = \frac{G.H_G - G.H_G^{'}}{G.H_G}$$

ou

$$\eta = \frac{H_G - H_G^{'}}{H_G} = 1 - \frac{H_G^{'}}{H_G}$$

- la consommation énergétique spécifique (CES) comme étant la quantité d'énergie dépensée par unité de masse d'eau évaporée :

$$CES = G.\frac{H_G}{N_C}$$

2.3.1 Cas du séchage par ébullition

Au cours du séchage par ébullition, la température initiale du produit $\mathbf{T_0}$ peut être inférieure à la température d'ébullition $\mathbf{T_e}$ de l'eau libre à la pression de service indiquée. Si ce produit est mis en contact avec une surface de chauffe à la température $\mathbf{T_{SF}}$, il recevra de la chaleur par conduction, qui dans un premier temps servira de chaleur sensible devant porter le produit de sa température initiale $\mathbf{T_0}$ vers la température d'ébullition de l'eau libre qu'il contient $\mathbf{T_e}$. Une fois cette température d'ébullition atteinte, l'excédent d'énergie que fournirait la surface de chauffe au produit quittera instantanément le produit sous forme de chaleur latente de vaporisation (avec la vapeur qui se dégage). De ce fait, il s'établit un équilibre et la température du produit reste constante, tant qu'il y aura de l'eau libre disponible dans le produit. La quantité de chaleur transférée dans ce cas est donnée par :

$$Q = U.A.(T_{SF} - T_e)$$

avec :

U = coefficient global de transfert de chaleur ;

A = aire de la surface de chauffe.

Ceci est valable dans la zone de vitesse constante et en régime stationnaire. Une fois l'eau libre du produit épuisée, on entame l'enlèvement de l'eau plus ou moins liée et qui, du fait de sa faible pression de vapeur, exigera une température plus élevée pour se mettre en ébullition $T_e^{'} > T_e$. Si la température de la surface de chauffe est maintenue constante, on observera une limitation de l'allure de transfert de chaleur suite à une réduction du gradient de température $T_{SF} - T_e^{'}$ et partant une réduction du transfert de masse. C'est la zone de vitesse décroissante qui, en se prolongeant, conduit à un arrêt complet du transfert lorsque T_e' sera égale à T_{SF}.

Il convient tout de même de signaler que le ralentissement de la vitesse d'évaporation d'eau est certes lié à la variation de la pression de vapeur d'eau (température d'ébullition), mais aussi et surtout à la modification de texture du produit (obstruction et rétrécissement des pores). De plus, la distance à parcourir par la vapeur vers le front devient de plus en plus importante.

Si nous considérons la capacité évaporatoire de l'appareil $\mathbf{N_c}$ et la chaleur latente de vaporisation $\boldsymbol{\lambda_s}$, la quantité de chaleur qui quitte le système étant $Q = N_C.\lambda_S = (T_{SF} - T_e)U.A$ soit :

$$N_C = U.A.\frac{T_{SF} - T_e}{\lambda_S}$$

Il vient que l'aptitude de l'appareil à évaporer l'eau est fonction de :

- l'équipement de par sa surface A et de son coefficient d'échange U ;
- des conditions opératoires T_{SF} ;
- de la nature du produit U.

2.3.2 Cas du séchage par entraînement

Au cours du séchage par entraînement, nous avons vu précédemment qu'un gaz préalablement chauffé est mis en contact avec un solide contenant une certaine humidité. Ce gaz est généralement de l'air en mouvement (vent), aussi définit-on **l'humidité absolue de l'air** ou simplement son humidité comme étant le quotient de la masse de vapeur contenue dans cet air par la masse correspondante d'air sec. **L'humidité relative** ou degré hygrométrique par contre est le quotient de la pression partielle de la valeur dans le mélange par la pression de vapeur saturante dans les mêmes conditions de température.

Si l'on considère un air de séchage à la température $\mathbf{T_G}$, contenant une quantité d'eau dont la pression partielle est $\mathbf{p_e}$ mis en contact avec un produit à sécher ayant une température **T**, la quantité de chaleur transférée de l'air vers le produit par convection est :

$$Q = h.A.(T_G - T)$$

et la quantité d'eau extraite du produit, suite au gradient de pression entre celle de la vapeur en surface du produit $\mathbf{p^*}$ et la pression partielle d'eau dans l'air $\mathbf{p_e}$ est :

$$N_C = k.A.(p^* - p_e)$$

Avec Definir K : coefficient de transfert,

on sait également que la chaleur transférée est égale à celle qui quitte le produit avec la vapeur d'eau, soit :

$$Q = N_C.\lambda_S$$

ce qui permet de poser l'égalité suivante $h.A.(T_G - T) = N_C.\lambda_S$

d'où l'expression de la capacité évaporatoire :

$$N_C = h.A.\frac{T_G - T}{\lambda_S}$$

Il en ressort que la capacité évaporatoire dépend de la température de l'air qui doit être élevée, de son humidité qui doit être faible et son débit qui doit être important (de par le coefficient de transfert h).

On peut également poser l'égalité :

$$N_C = h.A.\frac{T_G - T}{\lambda_S} = k.A.(p^* - p_e)$$

qui permet de tirer :

$$h.\frac{(T_G - T)}{k.\lambda_S} = p^* - p_e$$

Dans les conditions de séchage industriel, le rapport $\frac{h}{k.\lambda_S}$. est une constante égale à 64,7 Pa.°C^{-1} d'où :

$$64{,}7.(T_G - T) = p^* - p_e$$

On peut aisément démontrer que la pression partielle $\mathbf{p_e}$ d'eau contenue dans l'air est liée à l'humidité absolue de l'air ($\mathbf{X_a}$) et à la pression totale ($\mathbf{P_T}$) par :

$$p_e = \left[\frac{\frac{X_a}{18}}{\frac{X_a}{18} + \frac{1}{29}}\right].P_T \text{ ou encore } p_e = \frac{X_a}{X_a + 0{,}621} P_T$$

d'où :

$$T = T_G - \frac{1}{64{,}7}.\left[p^* - P_T.\frac{X_a}{X_a + 0{,}621}\right]$$

Cette dernière équation permet de déterminer la température de la surface du produit, et présente, comme nous l'avons vu, un intérêt capital dans les opérations de séchage.

Remarque : le rendement thermique d'une opération de séchage par entraînement est donné par le quotient de la différence de température de l'air entre l'entrée et à la sortie de l'équipement, par la température à l'entrée.

CHAPITRE 3

ÉVAPORATION-CONCENTRATION

3.1 Définition

L'évaporation est l'une des opérations unitaires utilisées pour la concentration d'une solution aqueuse. Elle consiste à réduire la teneur en eau, par ébullition de la solution, dans un équipement approprié, appelé **évaporateur**, permettant un enlèvement au fur et à mesure, de la vapeur produite. Cette opération peut être une fin en soi (concentration de jus de fruits, lait, sirops...), ou une phase préparatoire à une opération ultérieure (préséchage, préconcentration avant cristallisation...).

Aussi, si la solution contient un solide dissout, la diminution progressive de la teneur en eau peut conduire à une saturation, puis une sursaturation de la liqueur. Ce qui conduit à l'apparition des cristaux (début de cristallisation). C'est ainsi que l'évaporation à sec d'une solution qui est un procédé de séparation d'un solide et d'un liquide, combine la concentration par distillation et le séchage. Cette technique tend à remplacer la séquence d'opérations suivantes : concentration-refroidissement-filtration-séchage ; car par cette méthode, aussi bien les pertes en produits que les dépenses en énergie et en main-d'œuvre sont plus faibles.

Toutefois, les équipements nécessaires sont plus coûteux et doivent être adaptés au problème à résoudre. Ce qui ne peut se faire qu'après des études poussées tant sur le plan technique, technologique et économique. C'est ainsi que devant toute opération d'évaporation, il faut caractériser la solution, en adoptant les distinctions suivantes :

a) les solutions supportant les hautes températures sans modification de composition (formation de mousse, entartrage...), de celles ne supportant que des faibles températures (basses) ;

b) les solutions susceptibles de faire apparaître des cristaux, de celles exemptes de ce phénomène ;

c) les solutions qui ont un point (température) d'ébullition voisin de celui de l'eau, quelle que soit la pression de service, et celles ayant des températures d'ébullition plus élevées.

Dans son principe, l'évaporation est une opération d'enlèvement d'eau par ébullition. L'évaporateur constitue un échangeur de chaleur latente où l'on assiste aux transferts suivants :

- une vapeur dite primaire cède sa chaleur latente de vaporisation au produit à concentrer et se condense ;

- la solution à traiter absorbe la chaleur latente du fluide caloporteur et se vaporise, donnant lieu à la vapeur dite secondaire, qui est à son tour, soit condensée, soit réutilisée dans un autre évaporateur placé en série (multiples effets).

3.2 Transfert de chaleur en évaporation

Au cours de l'évaporation, nous sommes en face du même phénomène d'enlèvement d'eau qu'en séchage par ébullition. Aussi, l'équation générale de transfert de chaleur est donnée par :

$$Q = K.S.\Delta T$$

avec :

Q : chaleur transférée par unité de temps (W/s)

K : coefficient global de transfert de chaleur ($W/m^2/k$)

ΔT : différence de température entre les différents flux (k)

S : surface d'échange (m^2)

Cette équation n'est applicable à l'évaporation que suite à une légère modification. En effet, si à une pression donnée l'eau bout à une température (T_{oe}), exemple 373°K, et qu'à cette même pression, la solution (aqueuse) bout à (T_s) 381°K par exemple, si l'on considère qu'une vapeur servant d'agent de chauffage arrive à une température (T_c) de 389°K par exemple, pour évaporer l'eau de la solution, alors la différence de température (supplément) ne sera pas de T_c - T_{oe} ; mais plutôt T_c -T_s.

3.2.1 Etablissement des relations fondamentales en marche continue et régime permanent

On se propose de concentrer A_0 kg/h de solution de titre massique en lourd (moins volatil) égal à W_0, celui du léger est alors (1 - W_0) jusqu'au titre W_1. Si l'évaporateur a un coefficient global d'échange thermique connu égal à K ($Kca/h.m^2.°K$) et une surface d'échange S ; si le chauffage est assuré par de la vapeur d'eau saturante sous la pression P_V (donc à la température constante T_V) ; si l'alimentation se fait à la température T_O et la solution bout à la température T_1 sous la pression de service P_1 régnant dans l'évaporateur, il émet donc régulièrement un débit de vapeur du produit volatil égal à E_1 (Kg/h) (capacité évaporatoire de l'équipement), avec un titre en lourd W^*_1 (W^*_1 est pratiquement nul, si l'on suppose que le produit non volatil est solide à l'état pur et qu'il n'existe pas d'enlèvement par le circuit du vide : exemple sucrerie). Si l'on soutire en continu le concentrat de titre en lourd W_1 à raison de B_1 (Kg/h), le bilan matière s'écrira :

Bilan matière global :

$$A_o = B_1 + E_1 \qquad \textbf{(1)}$$

Bilan partiel sur le lourd :

$$A_o W_o = B_1 . W_1 + E_1 . W_1^* \text{ or, } W_1^* = 0$$

donc :

$$A_o W_o = B_1 . W_1 \qquad \textbf{(2)}$$

si on remplace B_1 par $A_O - E_1$, on aura :

$$A_o \left(W_1 - W_o \right) = E_1 . W_1$$

ou encore

$$W_1 = A_o \frac{W_o}{A_o - E_1} \qquad \textbf{(3)}$$

On peut faire intervenir un nouveau paramètre qui caractérise la fraction d'alimentation que l'on vaporise ; c'est-à-dire le rapport $\frac{E_1}{A_o}$ qui est le **taux de vaporisation** :

$$\tau = \frac{E_1}{A_o}$$

comme $W_1 \frac{A_o - E_1}{A_o} = W_o$; ce qui donne $W_1 \left(1 - \tau_1 \right) = W_o$ donc, l'équation **(3)** devient :

$$W_1 = \frac{W_o}{1-\tau_1} \qquad \textbf{(4)}$$

ou

$$\tau_1 = 1 - \frac{W_o}{W_1} \qquad \textbf{(5)}$$

Les équations **(4)** et **(5)** permettent de déterminer la teneur en lourd en fonction de la fraction vaporisée et le taux de vaporisation en fonction de la teneur en lourd souhaitée respectivement.

Remarque : τ_1 dépend du débit d'alimentation, mais aussi et surtout de la puissance de chauffe de l'évaporateur.

3.2.2 Bilan thermique

Le flux de chaleur fournie par le système de chauffage est en (Kcal/h) :

$$Q = K.S.\Delta T$$

ΔT étant la différence de température en celle du fluide chauffant T_V et celle d'ébullition de la solution T_1 qui est constante et égale à celle de la vapeur secondaire ; car la solution bout sans interruption à la pression de service P_1. Donc :

$$Q = K.S.(T_V - T_1)$$

a) 1er cas :

L'évaporateur est alimenté par la solution bouillante ; soit $T_O = T_1$. La chaleur fournie par l'évaporateur sert uniquement à vaporiser le produit volatil. Si ΔH_V est sa latente de vaporisation (en Kcal/Kg), on aura :

$$E_1.\Delta H_V = Q$$

en supposant les pertes thermiques négligeables, on peut considérer que la chaleur cédée par la vapeur primaire est équivalente à celle quittant le système de par la vapeur secondaire. Dans le cas contraire, E_1 serait plus faible d'où

$$E_1 = K.S\frac{T_V - T_1}{\Delta H_V}$$

et

$$\tau_1 = K.S\frac{T_V - T_1}{A_o.\Delta H_V}$$

b) 2e cas :

L'évaporateur est alimenté par la solution en dessous de son point d'ébullition (T_O) sous la pression P_1. Dans ce cas, une partie de Q sert à porter la solution A_O à sa température d'ébullition, le reste sert à vaporiser E_1 (Kg/h). Si C_P est la capacité calorifique (capacité thermique massique) de la solution (Kcal/Kg.°K), alors on aura :

$$Q = A_o.C_P(T_1 - T_o) + E_1.\Delta H_V$$

$$Q = A_o[C_P(T_1 - T_o) + \tau_1.\Delta H_V]$$

$$Q = K.S(T_V - T_1)$$

d'où :

$$\tau_1 = K.S\frac{T_V - T_1}{A_o.\Delta H_V} - C_P.\frac{T_1 - T_o}{\Delta H_V}$$

On voit donc que plus le liquide alimentaire sera froid, plus le taux de vaporisation dans un appareil chutera ; et ceci d'autant plus que le rapport $C_P/\Delta H_V$ est élevé. L'implication immédiate est l'obtention d'un concentrat de titre W'_1, inférieur à W_1 du cas initial. On n'a pas intérêt à alimenter froid ; pour ne pas gaspiller de surface d'échange pour le préchauffage (amener le fluide vers sa température d'ébullition), surtout si l'appareil est cher et sophistiqué.

c) 3e cas :

Le liquide est alimenté à une température supérieure à son point d'ébullition sous P_1, par exemple en le mettant sous une pression P_2 supérieure à P_1, de manière à ce qu'il reste liquide avant d'entrer dans l'évaporateur. Dans ce cas, dès son arrivée dans l'évaporateur où règne la pression P_1, il se détendra et une partie du volatil se vaporisera naturellement en puisant l'énergie nécessaire dans la surchauffe de la solution de manière à le ramener à son point d'ébullition T_1, sous pression P_1. On peut donc prévoir que la fraction vaporisée sera supérieure à celle du premier cas. La quantité totale vaporisée E_1 sera donc la somme de deux termes : celui dû comme précédemment au transfert de chaleur, c'est-à-dire $K.S.\frac{(T_V - T_1)}{\Delta H_V}$, et celui dû à la vaporisation adiabatique de la solution : celle-ci possède une énergie excédentaire égale à $A_o C_P.(T_o - T_1)$ qui va fournir $A_o C_P.\frac{T_o - T_1}{\Delta H_V}$ (Kg/h) de vapeur supplémentaire ; d'où l'on tire :

$$\tau_1 = K.S\frac{T_V - T_1}{A_o.\Delta H_V} - C_P.\frac{T_o - T_1}{\Delta H_V}$$

même type de relation qu'en (b), mais T_1 ici est plus élevé car le second terme est négatif ; et $T_1 < T_0$. Ces relations permettent de calculer par exemple la surface de chauffe nécessaire pour traiter un débit A_O (et vice-versa).

Pour calculer un évaporateur, il faut connaître les caractéristiques physiques et thermodynamiques de la solution et de sa vapeur, le coefficient d'échange qui dépend des caractéristiques de la solution (viscosité, conductivité, masse volumique) et des caractéristiques de l'échangeur (nature du matériau, diamètre des tubes, longueur, épaisseur...). Si on considère un évaporateur à simple effet tel que décrit par la figure ci-dessous :

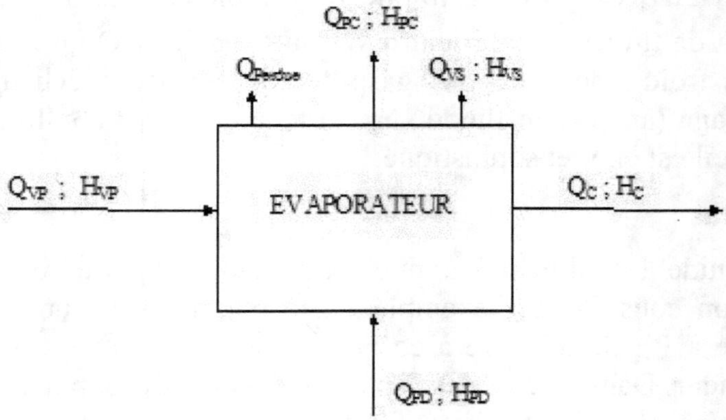

Figure 9 : Bilan autour d'un évaporateur simple effet.

avec :

Q_{VP} = débit massique de vapeur primaire ;
Q_{PD} = débit massique de produit dilué ;
Q_C = débit massique du condensat ;
Q_{PC} = débit massique du produit concentré ;
Q_{VS} = débit massique de la vapeur secondaire ;
Q_{perdue} = chaleur perdue par les parois.

H_{VP} = enthalpie massique de la vapeur primaire ;
H_{PD} = enthalpie massique du produit dilué ;
H_C = enthalpie massique du condensat ;
H_{PC} = enthalpie massique du produit concentré ;
H_{VS} = enthalpie massique de la vapeur secondaire.

Le bilan enthalpique autour de cet équipement peut s'écrire :

$$Q_{VP}.H_{VP} + Q_{PD}.H_{PD} = Q_{perdue} + Q_{VS}.H_{VS} + Q_C.H_C + Q_{PC}.H_{PC}$$

on sait par ailleurs que :

$$Q_{PD} = Q_{PC} + Q_{VS}$$

d'où :

$$Q_{VP}.H_{VP} + Q_{PC}.H_{PD} + Q_{VS}.H_{PD} = Q_{perdue} + Q_{VS}.H_{VS} + Q_C.H_C + Q_{PC}.H_{PC}$$

Si on considère que le produit dilué arrive dans l'évaporateur à la limite de l'ébullition, on n'aura pas d'échange de chaleur sensible devant servir à porter le produit initial vers l'ébullition. De ce fait, la température du concentrât sera identique à celle du produit dilué et partant, ils auront sensiblement la même enthalpie massique soit : (H_{PD} = H_{PC}). De plus, l'absence d'échange de chaleur sensible suppose que toute la vapeur primaire se condense et donne lieu à la production de condensat, permettant de dire que le débit massique de condensat et égal à celui de la vapeur primaire (**$Q_{VP} = Q_C$**). Ce qui permet de dire que :

$$Q_{VP}.H_{VP} + Q_{VS}.H_{PD} = Q_{perdue} + Q_{VS}.H_{VS} + Q_{VP}.H_C$$

Si de plus on néglige la quantité de chaleur perdue à travers les parois (ce qui est facilement maîtrisable), on peut simplement écrire :

$$Q_{VP}.H_{VP} - Q_{VP}.H_C = Q_{VS}.H_{VS} - Q_{VS}.H_{PD}$$

ou encore :

$$Q_{VP}.(H_{VP} - H_C) = Q_{VS}.(H_{VS} - H_{PD})$$

Ce qui signifie que la quantité de vapeur primaire à mettre en œuvre pour évaporer une certaine quantité de vapeur secondaire est :

$$Q_{VP} = Q_{VS} \frac{H_{VS} - H_{PD}}{H_{VP} - H_C}$$

On peut remarquer que les différences d'enthalpies **(H_{VP} - H_C) et (H_{VS} - H_{PD})** représentent respectivement les chaleurs latentes de vaporisation des vapeurs primaire et secondaire.

- $H_{VP} - H_C = \lambda_{VP}$ = chaleur à céder pour faire passer la vapeur primaire vers l'état liquide à ébullition ;
- $H_{VS} - H_{PD} = \lambda_{VS}$ = chaleur nécessaire pour passer le produit dilué de l'état liquide à ébullition vers l'état gazeux.

Remarque : Les deux chaleurs latentes de vaporisation sont voisines lorsque le liquide servant à la production de la vapeur primaire est identique à celui de la solution à concentrer.

Si tel est le cas, les débits de vapeur primaire et de vapeur secondaire sont sensiblement les mêmes et on peut écrire :

$$Q_{VP} \neq Q_{VS}$$

Ceci signifie, dans le cas de la concentration d'une solution aqueuse en se servant de vapeur d'eau comme vapeur primaire, qu'il faut un kilogramme de vapeur pour enlever un kilogramme d'eau.

La consommation énergétique spécifique (quantité de chaleur dépensée par kilogramme d'eau évaporée) étant :

$CES = \frac{Q_{VP}.H_{VP}}{Q_{VS}}$, on aura approximativement un **CES de 700 kW/h** par tonne d'eau évaporée.

Il faut garder à l'esprit que la connaissance des caractéristiques de la solution et celles de l'équipement permet de décider de la conduite à tenir et d'œuvrer pour l'atteinte des conditions optimales :

- gain d'énergie (consommation énergétique spécifique faible) ;
- débit de production élevé en accord avec le pouvoir évaporatoire ;
- bonne aptitude à préserver la qualité du produit concentré.

Si nous considérons la quantité totale de chaleur fournie à l'évaporateur $Q = K.S.(T_{VP} - T_{VS})$, on s'aperçoit qu'elle peut être améliorée, soit en augmentant la température de la vapeur primaire, soit en réduisant celle de la vapeur secondaire lorsque S et K sont constants. Cependant, une augmentation de la température de la vapeur primaire s'accompagne d'une augmentation d'énergie et de vapeur, car T_{VP} diminue. Par ailleurs, une diminution de la température de la vapeur secondaire nécessite une modification à la baisse de la pression de service. C'est ainsi qu'il existe deux méthodes couramment utilisées :

- évaporation sous vide ;
- évaporation par multiples effets.

Dans ces deux méthodes, on recherche certes une économie d'énergie, mais aussi et surtout une préservation de la qualité du produit. Pour cela, il faut s'assurer que le temps de séjour est relativement court, c'est-à-dire que la capacité évaporatoire par unité de surface est importante. Cette capacité évaporatoire par unité de surface étant donnée par :

$$\frac{Q_{VS}}{S} = K.\frac{(T_{VP} - T_{VS})}{\lambda_{VS}}$$

On aura un temps de séjour court si ΔT et le coefficient de transfert global sont élevés.

3.3 Méthodes d'évaporation

3.3.1 Évaporation sous vide

Cette méthode est surtout utilisée pour des produits sensibles à la température. Elle permet de travailler à basse température, suite à une ébullition conduite sous vide. En effet, l'opération conduite sous vide conduit à une baisse de la température d'ébullition de la solution et partant, accroît *a priori* le flux de chaleur reçue :

$Q = K.S.(T_V - T_1)$ **et** $E_1 = \dfrac{K.S.(T_V - T_1)}{\Delta H_V}$ augmentent lorsque T_1 diminue.

Si l'on considère un évaporateur utilisant une vapeur de chauffe à 380°K et opérant sous vide pour évaporer de l'eau, on a :

	Pression atmosphérique : 101,3KN/m²	Sous vide partiel : 13,5KN/m²
Température d'ébullition	373 K	325 K
Température	7 K	55 K
Chaleur perdue dans le condensat	419KJ/Kg	216KJ/Kg
Chaleur utilisée	2266KJ/Kg	2469KJ/Kg

On constate que dans les deux cas, la chaleur totale utilisée est de 2685KJ/Kg. Ceci implique une diminution du coefficient de transfert dans le second cas. Il s'ensuit que l'avantage de travailler sous vide (du point de vue énergétique) n'est pas aussi important qu'on le pense, surtout qu'il faut un supplément d'énergie pour faire le vide et le maintenir (dépense d'électricité pour faire fonctionner les pompes à vide).

3.3.2 Evaporation à multiple effet

La chaleur latente de vaporisation d'un liquide est la quantité de chaleur qu'il absorbe par unité de masse quand il passe de l'état liquide à l'état gazeux, sans changement de température (la température étant celle d'ébullition à la pression considérée). Exemple : la chaleur de vaporisation de l'eau est de $2,26.10^6$J/Kg (à 373,15 K à la pression atmosphérique).

Au cours de la condensation, la vapeur cède cet excédent d'énergie et retourne à l'état liquide ; la température étant maintenue constante et égale à celle d'ébullition à la pression de service. Une mauvaise forme de gestion d'énergie consiste à condenser la vapeur secondaire issue de l'évaporateur, et de conduire le liquide résultant à l'égout.

Nous avons pu établir par le bilan enthalpique qu'une tonne de vapeur primaire permet d'évaporer une tonne de vapeur secondaire ayant une température équivalente à celle d'ébullition du produit traité. Pour pallier cette forme de gaspillage, on peut utiliser la vapeur issue d'un évaporateur (1) pour alimenter (chauffer) un second évaporateur placé en série, et fonctionnant à une température inférieure : on parlera alors d'une évaporation à double effet. On peut généraliser cette réflexion à un nombre illimité d'évaporateurs, et l'on parlera de multiple effet.

La pression à l'intérieur des évaporateurs va décroissant du premier vers le dernier ; ce qui explique une diminution des températures d'ébullition de la solution au fur et à mesure que l'on remonte la chaîne. En effet, si la vapeur secondaire sert de vapeur de chauffe dans un second évaporateur placé en série et dans lequel circule le concentrât du premier évaporateur, il n'y aura pas d'échange, car les deux fluides sont à la même température.

L'appellation multiple effet a été donnée par Rillieux vers 1830, du fait que la vapeur initiale (du 1er corps) accomplit plusieurs fois son effet.

3.3.2.1 Calcul d'un évaporateur à effet multiple

Considérons un évaporateur à triple effet :

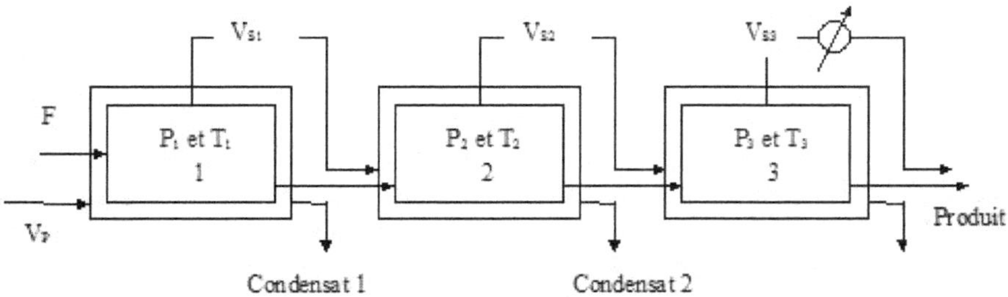

Figure 10 : Fonctionnement d'un évaporateur triple effet.

Si T_V est la température de la vapeur primaire V_P et T_f celle de l'alimentation F, la chaleur fournie au 1er corps d'évaporation est :

$$Q_1 = K_1.S_1.(T_V - T_1)$$
$$= F.C_P(T_1 - T_f) + D_1.\Delta H_1$$

Si on néglige la chaleur nécessaire pour porter l'alimentation de sa température T_f à sa température d'ébullition T_1 ou en considérant $T_f = T_1$, on voit que :

$$Q_1 = V_{SI}.\Delta H_1 = K_1.S_1.(T_V - T_1)$$

donc la chaleur fournie en (1) est égale à la chaleur latente de vaporisation de la vapeur secondaire que multiplie la quantité de vapeur dégagée, et sert de vapeur de chauffer pour le second, puis le troisième.

Donc :

$$Q_1 = K_1.S_1.(T_V - T_1)$$
$$Q_2 = K_2.S_2.(T_1 - T_2) \qquad \text{sont égales}$$
$$Q_3 = K_3.S_3.(T_2 - T_3)$$

donc $S_1.K_1.\Delta T_1 = S_2.K_2.\Delta T_2 = S_3.K_3.\Delta T_3$

Si de plus les évaporateurs (1) (2) et (3) sont identiques, alors les surfaces d'échanges S_1, S_2, S_3 sont identiques ; d'où :

$$K_1.\Delta T_1 = K_2.\Delta T_2 = K_3.\Delta T_3$$

Comme la chaleur requise pour évaporer 1Kg d'eau dans le premier corps est sensiblement égale à celle libérée par la condensation d'un Kg de vapeur à la température T_V, on aura donc :

Un Kg de vapeur fournie pour chauffer le premier corps permet d'évaporer un Kg d'eau. Ce Kg de vapeur produite en (1) va évaporer un Kg en (2). Aussi, dans un système à N effet, un Kg de vapeur alimentant le 1er corps permettra d'évaporer NKg de liquide. La quantité d'eau évaporée dans chaque effet est proportionnelle à Q, car la chaleur latente est sensiblement constante. La capacité calorifique de l'unité sera :

$$Q = Q_1 + Q_2 + Q_3$$

$$= S.K_1.\Delta T_1 + S.K_2.\Delta T_2 + S.K_3.\Delta T_3$$

Si on considère une moyenne sur le coefficient d'échange, on aura :

$$K_m.(\Delta T_1 + \Delta T_2 + \Delta T_3).S$$

Ces calculs sont réalisés pour un évaporateur fonctionnant à co-courant (vapeur-solution). On peut également envisager un fonctionnement, soit à contre-courant (solution allant du dernier corps vers le 1er, et la vapeur inversement), soit mixte (l'alimentation s'effectue dans un évaporateur intermédiaire de façon à avoir d'une part un fonctionnement à contre-courant). On peut également avoir une alimentation en parallèle (le liquide alimentaire est réparti dans les différents corps).

L'économie de vapeur se mesure par le rapport

e = quantité de liquide évaporé/quantité de vapeur de chauffe utilisée.

Cette économie de vapeur peut être réalisée par compression de la vapeur issue de l'évaporateur, puis réutilisation de cette vapeur dans le même corps (cas d'un simple effet).

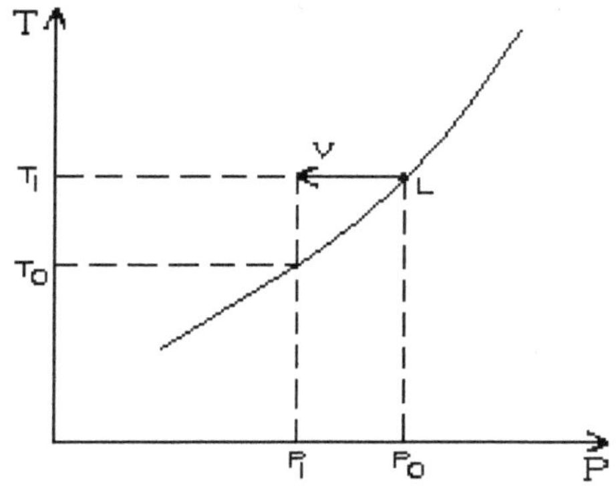

Figure 11 : Compression de vapeur.

CHAPITRE 4

CRISTALLISATION

Cette opération se rapproche dans son principe des autres méthodes d'enlèvement d'eau déjà étudiées et fait appel aux mêmes procédures de calcul.

4.1 Introduction

La cristallisation est une opération assez importante dans l'industrie chimique permettant, soit une purification d'un composé, soit la formation de cristaux dans une gamme de dimensions désirées. Elle consiste à faire apparaître des cristaux (nucléation) d'un composé dissout dans une solution, et de les faire croître. La force motrice dans les deux phénomènes étant l'état de sursaturation.

Dans son principe, la cristallisation est un changement d'état physique qui donne lieu dans un solide, un liquide ou un gaz, à la formation d'une phase solide cristallisée. C'est-à-dire, possédant une structure géométrique bien définie et régulière. Dans les cas pratiques les plus courants, il survient et concerne particulièrement des phases liquides (solutions).

Cependant, la cristallisation peut être observée dans les cas suivants :

- cristallisation survenant dans un liquide (solvant) pur, c'est le cas de la solidification de l'eau et dont l'inverse est la fusion de la glace ;
- cristallisation survenant dans une solution vraie (mélange solvant et soluté dissout), c'est le cas de la cristallisation du saccharose en sucrerie ;
- cristallisation survenant dans un solide, c'est le cas de la recristallisation des sucres préalablement fondus dans les produits de confiserie (bonbon ou chewin-gum présentant des particules solides blanchâtres) ;
- cristallisation survenant dans un gaz, c'est le cas de la formation des grêlons qui n'est autre chose que l'inverse de la sublimation.

Si on considère un mélange de deux composés A et B (A solide et B liquide dans leur état pur), une solution de A dans B s'obtient en agitant ensemble les deux constituants. Le mélange reste hétérogène si la proportion du constituant solide (A) dépasse une certaine valeur qui s'appelle solubilité de A dans B. A est donc le soluté et B le solvant et le mélange de A et B en proportion égale, à la solubilité de A dans B est dit saturé.

En appliquant la règle des phases au système constitué de A et B, on a :

$C = 2$ deux composés (A et B)

$\phi = 2$ deux phases (liquide et solide)

$V = C - \phi + 2$

d'où $V = 2$ nombre de degrés de liberté entre les variables d'état.

La pression étant déterminée, on peut faire varier la température ou la composition ; mais jamais les deux : c'est-à-dire qu'à pression constante, la composition de la solution (solubilité) est fonction de la **température** ou la **température de saturation** est fonction de la concentration. Si de plus il y a une impureté soluble (C), on aura :

$V = 3 - 2 + 2 = 3$; car $C = 3$, $\phi = 2$

Autrement dit, à pression constante, la solubilité de A dans B ne dépend plus que de la température ; mais aussi de la proportion de C dans le mélange.

Ainsi donc, la cristallisation peut être obtenue par :

- refroidissement (réduction de température) ;
- concentration (augmentation de la proportion de soluté) ;
- ajout d'un tiers corps (solvant ou réactif entraînant la précipitation d'un soluté).

4.2 Étude de la cristallisation

4.2.1 État de saturation : différentes zones délimitées par la courbe de solubilité

Le processus de dissolution n'est pas vraiment réversible. En effet, lors du refroidissement ou de la concentration d'une solution, les cristaux apparaissent avec un retard par rapport à la solubilité, d'où l'existence d'un phénomène d'hystérisis si l'on procède au tracé simultané de la courbe de saturation et celle de dissolution.

Le début d'apparition des cristaux définit une courbe dite de saturation, dont la position exacte sur le graphique de solubilité dépend des conditions opératoires (notamment de l'agitation).

La saturation s'exprime soit en termes de rapport :

$$S = \frac{C}{C_{eq}} \geq 1$$

soit en termes de sursaturation relative :

$$\sigma = S - 1$$

soit de façon absolue :

$$\Delta C = C - C_{eq}$$

où C est la concentration dans l'état de sursaturation (Kg soluté/Kg solvant), et Ceq. la concentration à l'équilibre.

La seule sursaturation n'est pas suffisante pour faire apparaître des cristaux ; il faut au préalable l'existence de petits noyaux (nucleis) qui serviront de support sur lequel le nourrissage devrait s'effectuer (amorçage).

4.2.2 Mécanisme de formation des cristaux

Une opération de cristallisation comprend trois phases (stades). Prenons le cas d'une solution (mélange soluté et solvant), formant préalablement une phase liquide homogène. La modification de l'état de dilution par concentration (enlèvement de solvant) ou par refroidissement (réduction de la solubilité) conduit aux observations suivantes :

1) On quitte progressivement la zone homogène (zone dans laquelle il ne peut y avoir des cristaux, tout étant soluble) pour traverser la limite de cette zone décrite par la courbe de solubilité ou de saturation ;

2) La formation des germes ou sites cristallins (microcristaux) est entamée dès lors qu'on franchit cette limite de solubilité et on se trouve en présence de plusieurs microcristaux, c'est la zone métastable qui s'étend jusqu'à la limite de la sursaturation ;

3) Le grossissement des germes en cristaux se poursuit tant que l'on pousse la modification de l'état de dilution.

La germination ou nucléation est le phénomène qui donne naissance aux nouveaux germes cristallins. La vitesse de germination, comme celle de croissance des germes, augmente avec le degré de sursaturation (celui-ci s'exprime par la différence entre la température de saturation et la température réelle à une concentration donnée, ou par la différence entre la concentration à saturation et celle de la solution à température donnée).

Cependant, la vitesse de croissance augmente d'une façon linéaire, tandis que la vitesse de germination augmente d'une façon exponentielle. Ceci signifie qu'au-delà d'une certaine valeur du degré de saturation, la vitesse de croissance devient négligeable par rapport à celle de germination, se traduisant par une prise en masse du soluté (excès de microcristaux).

La zone située entre la courbe de solubilité et celle de sursaturation est dite zone métastable ; c'est une zone où il peut ou non, selon les conditions, y avoir des cristaux en présence de la solution. Au-delà de la courbe de sursaturation, on trouve la zone hétérogène, qui est celle où coexistent obligatoirement les cristaux et la solution.

C'est au voisinage de la courbe de sursaturation que la vitesse de germination se met à augmenter très rapidement. Il en résulte qu'en l'absence des cristaux préexistants, le refroidissement ou la concentration d'une solution conduit à la formation généralement abondante des germes dès qu'on arrive dans la zone hétérogène. C'est ainsi que l'on observe quelquefois " la poise en masse " d'une solution. Si la solution est ensemencée c'est-à-dire si on injecte les cristaux des solides purs lorsqu'elle se trouve dans la zone métastable, les germes dus à l'ensemencement grossissent sans formation importante des nouveaux germes, tant que l'on ne quitte pas cette zone et surtout si l'on se maintient au voisinage de la courbe de saturation. Il se produit donc à peu près uniquement le phénomène de grossissement des cristaux ayant servi à l'ensemencement.

L'avantage de ce procédé est de pouvoir préparer des cristaux ayant des dimensions voulues, dans une certaine mesure de moins(le contrôle ne peut être total pour différentes raisons : difficultés d'ensemencement exactement et uniquement au moment voulu ; vitesse de croissance des germes différents selon les faces du cristal considéré ; nucléations parasites inévitables).

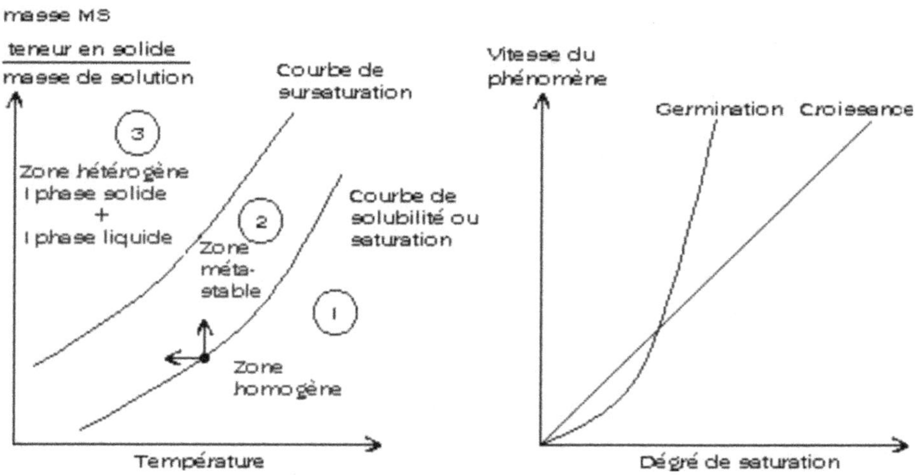

Figure 12 : Courbe de solubilité et évolution des vitesses de croissance et de germination.

4.2.3 Influence des conditions opératoires et des paramètres physico-chimiques

4.2.3.1 Vitesse d'opération

On appelle vitesse d'évolution des conditions opératoires, la vitesse de refroidissement, de réchauffement (concentration) ou d'ajout du tiers corps.

Si cette vitesse est faible, on reste dans la zone métastable ; et les germes ont le temps de croître, les cristaux sont plus gros et bien formés.

Si cette vitesse est grande, on risque de passer dans la zone hétérogène. On obtiendra alors une nucléation plus importante, donc des cristaux plus petits, avec une granulométrie très étalée, alors que les gros cristaux seront irréguliers (formation d'aiguille par exemple).

4.2.3.2 Viscosité de la solution

Une augmentation de la viscosité par diminution de la température ou augmentation de la concentration, réduit à la fois la vitesse de nucléation et la vitesse de croissance (car la vitesse de diffusion des molécules vers le cristal est réduite).

4.2.3.3 Impureté de la solution

Les impuretés agissent diversement sur la nucléation. Au contraire, elles agissent souvent négativement sur la croissance, et peuvent modifier la présentation du cristal en s'adsorbant sélectivement sur une face. Elles peuvent aussi servir de germes, et provoquer la formation des cristaux contenant des inclusions d'impureté.

4.2.3.4 Agitation

L'agitation augmente la probabilité de formation des germes et la vitesse de croissance ; mais cette augmentation passe par un optimum (agitation cisaillante$\Rightarrow$ cassure des cristaux $\Rightarrow$ peu de germes).

De même, les cristaux (petits) étant plus solubles, disparaissent lorsque l'agitation est prolongée, et nourrissent les gros.

4.2.3.5 Ensemencement (amorçage)

Il est indispensable d'ensemencer si l'on veut obtenir les cristaux dont la taille se rapproche de la valeur souhaitée. En effet, si après avoir conduit l'amorçage (l'ensemencement), on refroidit suffisamment, lentement, pour ne pas quitter la zone métastable, les cristaux se formeront pratiquement, uniquement par grossissement de la semence. Il suffira donc :

1) De calculer en effectuant des bilans massiques du nombre de cristaux que l'on veut obtenir, à partir du poids total des cristaux que l'on va précipiter, et de la taille que l'on souhaite pour eux ;

2) Compte tenu de la dimension des cristaux utilisés pour l'amorçage, de calculer la masse à utiliser pour qu'il y en ait un nombre égal au nombre de cristaux que l'on veut obtenir.

Remarque : La cristallisation par concentration se pratique pour des produits dont la solubilité ne varie pas beaucoup avec la température, ou bien est plus grande à chaud qu'à froid.

4.2.3.6 Gradient de la température à la paroi

Si le gradient de la température dans la masse au voisinage de la paroi est trop élevée (circulation d'eau de refroidissement trop froide), la paroi du cristalliseur se recouvre d'une couche de cristaux plus ou moins dure qu'il faut gratter à la fin, et qui freine beaucoup le refroidissement ultérieur en diminuant fortement le coefficient de transfert. On parle alors du " BLINDAGE " de la paroi. Le gradient de température au-delà duquel se produit le blindage augmente en même temps que la vitesse d'agitation. Autrement dit, on diminue le risque de blindage en agitant davantage.

CHAPITRE 5

EXTRACTION

5.1 Définition

L'extraction se trouve être la première opération de séparation de tout un ensemble de filières de transformation (sucrerie, huilerie, jus de fruits, boissons alcoolisées...). Elle constitue la charnière au niveau de laquelle les industries alimentaires prennent le relais du domaine agricole.

Issu du mot latin *extrahere* (tirer hors de...), le verbe extraire évoque une séparation sélective dans laquelle on retient l'une des phases dite extrait pour rejeter l'autre résidu (bagasse en sucrerie, drêche en brasserie, tourteau en huilerie, marc en jus de fruit). On parle de plus en plus de co-produits.

Lorsqu'on prépare une orangeade ou une citronnade en pressant les agrumes, on réalise une extraction par pression. Le mécanisme mis en jeu est le transfert de quantité de mouvement.

Lorsqu'on prépare du café en établissant un contact entre l'eau chaude et le café moulu, on réalise une extraction solide-liquide, encore appelée extraction par solvant. Mais selon la technique choisie " café filtre " ou " café turc ", on effectue alors une extraction par percolation ou par immersion (infusion, décoction). Le mécanisme principal étant celui du transfert de masse. L'extrait sec soluble migre par diffusion moléculaire de la phase solide vers la phase liquide à une vitesse proportionnelle au gradient de concentration régnant entre les deux phases.

Dans de nombreux cas comme en huilerie, sucrerie de canne, brasserie..., extraction par pression et extraction solide-liquide sont couplées, de sorte que le premier permet d'extraire le maximum de substance à extraire et le second servant à épuiser le résidu en extrait utile.

Dans ce chapitre, après avoir présenté l'extraction par pression, nous traiterons simultanément l'extraction liquide-liquide et l'extraction liquide-gaz ; car elles présentent de nombreuses analogies. En effet, il s'agit dans les deux cas de transférer un soluté formant une phase homogène avec un fluide, dans un fluide autre, non complètement miscible au premier. Cependant, il convient de rappeler que dans le langage courant, on utilise souvent les termes suivants :

- extraction pour extraction liquide-liquide ;

- absorption pour extraction gaz-liquide ;

- dégazage pour extraction liquide-gaz s'il s'agit d'un gaz froid, et stripping s'il s'agit d'un composé volatil entraîné à chaud par un gaz, ou par de la vapeur d'eau surchauffée.

5.2 Extraction par pression

Malgré quelques timides tentatives de modélisation, on ne peut pas dire que l'extraction par pression ait beaucoup inspiré les théoriciens du génie agro-industiel. Le mécanisme de l'extraction par pression d'un produit biologique compressible et déformable reste complexe et plus ou moins flou.

Il manque d'équations fondamentales adaptées à la situation et susceptibles de servir de base de modélisation mathématique. Cette extraction reste spécifique d'un produit, car on peut difficilement comparer la pression d'un oléagineux à celle d'une pulpe de goyave ou de pomme. En effet, **la nature** et **la préparation du produit traité** gardent une influence tellement dominante par rapport à **l'appareillage** qu'il devient difficile de parler **d'opération unitaire au sens du génie industriel et alimentaire** (qui traite l'opération indépendamment du produit).

5.2.1 Préparation

Toute extraction par presse est précédée d'une ou de plusieurs opérations préparatoires mécaniques ou thermiques (broyage, blanchiment, malaxage des oléagineux, défibrage des cannes, râpage de la pulpe de pomme ou de mangue...). Ces opérations visent à la fois à diviser la matière à traiter, et à faciliter l'extraction de la phase liquide par altération des tissus et parois cellulaires. On peut dire d'ailleurs que l'extraction commence dès ces étapes, et il conviendrait de parler de chaîne d'extraction plutôt que d'une opération unitaire impliquant uniquement la presse. Les deux facteurs résultant de cette phase préparatoire sont :

- taille des éléments divisés ;

- degré d'altération de tissus, difficile à quantifier.

En ce qui concerne la taille, il faut offrir la plus grande surface d'échange, donc penser à une mouture fine, mais aussi penser à la porosité de l'amas pressé qui permettrait l'écoulement du jus (mouture grossière). Il faut rechercher la taille optimale des éléments solides divisés (elle est fonction du produit initial) ; ce qui pose le problème de modélisation.

5.2.2 Pression et temps

Le rendement de l'extraction est le produit de deux fonctions asymptotiques dont les variables sont la pression et le temps.

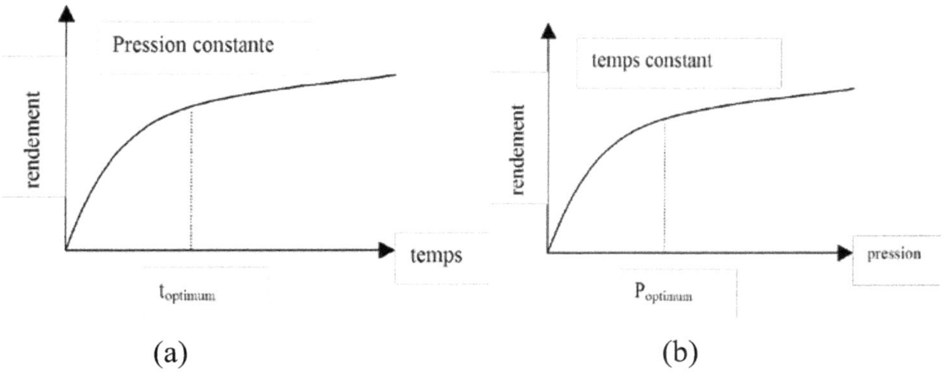

Figure 13 : (a et b) Rendement d'extraction en fonction de la durée ou de la pression.

Il faut pouvoir atteindre le rendement optimum dans les conditions économiques raisonnables (énergie, temps). Le rendement maximum (masse de jus obtenue rapportée à la masse totale de matière première pressée, lorsque la durée de pressage tend vers l'infini) augmente avec la pression. Or, la pression appliquée influe largement sur la composition de l'extrait.

Types de presses :

* presse à plateaux ;
* presse à membrane, à poche ;
* presse à vis ;
* presse à rouleaux.

5.3 Extraction par solvant

L'extraction par solvant concerne, soit un transfert d'une phase solide vers une phase liquide, soit d'une phase liquide vers une phase liquide. On parle ainsi d'extraction solide-liquide ou liquide-liquide.

5.3.1 Extraction solide/liquide

L'extraction solide/liquide, encore appelée extraction par solvant, est une opération de transfert de matière destinée à séparer les principes solubles d'un substrat solide par leur "diffusion" dans un solvant.

En règle générale, la phase noble est constituée par la solution d'extrait (jus de betterave, miscella d'huile, moût de brasserie...) ; tandis que la phase insoluble constitue le résidu (tourteaux épuisés, drêche...). Il faut noter que l'inverse peut se produire ; ainsi le blanchiment des pommes de terre, destiné à diminuer partiellement les sucres, afin de limiter les réactions de Maillard, est une extraction solide/liquide, de même que l'extraction de la caféine du thé ou du café.

5.3.1.1 Mécanismes de l'extraction solide/liquide

Les mécanismes de l'extraction solide/liquide et leurs importances relatives varient largement selon la nature du produit traité. Toutefois, on peut distinguer deux phases :

- une phase initiale ;
- une phase de diffusion.

5.3.1.1.1 Phase initiale

Cette phase comprend :

- la sorption de solvant dans la phase solide ;
- le lessivage ;
- la dissolution des composés solubles ;
- les courants de solution.

5.3.1.1.1.1 Sorption de solvant

Les forces osmotiques, de capillarité et de solvatation des ions des cellules, induisent une sorption de solvant dans la phase solide se traduisant par un gonflement des particules.

5.3.1.1.1.2 Lessivage

Une proportion de soluté contenue dans les cellules blessées durant la phase préparatoire (découpe, broyage, mouture...) est directement extraite par lessivage. Cette portion peut varier de 10 à 20% selon la nature du produit.

5.3.1.1.1.3 Dissolution des composés solubles

Au cours de cette étape, en plus de la dissolution des composés déjà solubles, s'ajoute très souvent la solubilisation d'une fraction naturellement insoluble par hydrolyse. L'hydrolyse peut être purement chimique (exemple : dégradation des hémi-celluloses du café en oligosaccharide qui se produit aux alentours de 180 °C en milieu acide :pH ~ 5). Cependant, le plus souvent, il s'agit d'hydrolyse enzymatique (exemple : au cours du brassage, on observe des dégradations enzymatiques de l'amidon en dextrine et maltose, sous l'effet des amylases, la solubilisation des protéines par les peptidases).

5.3.1.1.1.4 Courants de solution

Le solvant généralement chaud dénature les cellules par coagulation des lipoprotéines, rendant la perméabilité des parois cellulaires de moins en moins sélective. De plus, par réchauffement, le volume de la phase liquide interne augmente, donnant lieu à des surpressions qui entraînent des courants de solution à travers les pores.

On peut aisément voir que la multitude des phénomènes qui se déroulent au cours de cette phase initiale, rendent sa maîtrise difficile et complexe ; car il faut faire appel à la cinétique chimique et enzymatique, à la physique du solide, à l'écoulement de fluide à travers un milieu poreux....

5.3.1.1.2 Période de diffusion

La dénaturation cellulaire rendant les membranes perméables, le processus de diffusion peut avoir lieu. Elle se déroule en deux phases :

- une diffusion de l'intérieur vers la surface (interne) ;
- une diffusion de la surface (couche limite) vers le milieu environnant (externe), c'est la dispersion du soluté dans le solvant.

Si on agite la suspension (solvant + particule), le soluté quitte la surface externe de la couche limite par convection (plus rapide). Sans agitation ou turbulence, le phénomène se ferait plus lentement par diffusion moléculaire. Toutefois, on peut définir un coefficient global de transfert tel que :

$$m = \frac{dm}{dt} = -k.A.(C - C')$$

avec :

m = débit massique de transfert de soluté (kg/s)

A = surface d'échange offerte par le solide (m²)

C = concentration en soluté de la phase solide (kg/m^3)

C' = concentration en soluté de la phase liquide (kg/m^3)

k = coefficient global de transfert de matière (m/s)

Si le volume de la phase solide reste constant (gonflement négligeable), on peut dire que la variation de la concentration dans cette phase est proportionnelle à la variation de la masse du solide, soit :

$$\frac{dC}{dt} = -k'.A.\left(C - C'\right)$$

on ne peut pas déterminer distinctement k' et A ; pour cela, on globalise K = k'.A

et

$$\frac{dC}{dt} = -K\left(C - C'\right)$$

Il est difficile de déterminer dans ces étapes laquelle constitue le facteur limitant la vitesse d'extraction (diffusion interne ou externe). Le facteur limitant reste fonction de la nature du produit et des tailles des particules ; même pour un même produit.

5.3.1.1.3 Performance de l'extraction

Une extraction satisfait aux quatre conditions suivantes :

- débit élevé ;
- rendement maximum ;
- sélectivité élevée ou faible, suivant l'objectif ;
- concentration de l'extrait élevé.

Ces quatre impératifs étant difficiles à concilier en pratique, on se contente d'un compromis :

- débit = masse d'extrait obtenu par unité de temps ;
- rendement = masse d'extrait sec obtenu sur la masse totale du produit (nuance avec le Taux d'extraction = Rapport entre la masse de sucre extrait et la masse de canne utilisée exprimée sous forme de pourcentage) ;

- sélectivité = masse d'extrait sec désiré sur la masse totale d'extrait sec.

Remarque : Certains entendent par sélectivité, la non-extraction du composé indésirable ; et d'autres par contre recherchent à extraire un seul composé ou une fraction bien définie.

- Concentration de l'extrait = masse du soluté obtenu sur le volume d'extrait.

Il convient de signaler que très souvent, on veut un extrait non seulement concentré (exception faite du moût de brasserie), mais séché (sucrerie).

Remarque : Lorsqu'on opère dans un extracteur continu, le débit peut être quantifié par le nombre d'unités de transfert (NUT) (qui renseigne sur la facilité d'extraire)

$$NUT = \frac{(C_1 - C_2)}{\Delta C_m}$$

C_1 = concentration du soluté dans la phase solide à l'entrée de l'extracteur ;

C_2 = concentration du soluté dans la phase solide à la sortie de l'extracteur ;

C_m = différence des moyennes logarithmiques des concentrations entre le jus (extrait) et la phase solide, tel que si m est le débit massique de soluté, on aura :

$$m = K.A.\Delta C_m = \varepsilon Q_V \left(C_1 - C_2\right)$$

avec

K = coefficient de transfert de matière ;

Q_V = débit volumique de la phase solide ;

ε = proportion de la phase solide occupée par le soluté (en volume) ; donc, le nombre d'unités de transfert sera :

$$NUT = \frac{K.A}{\varepsilon.Q_V}$$

(facile à accéder expérimentalement).

5.3.1.1.4 Cinétique de l'extraction solide/liquide

Pour effectuer ces calculs, on pose les hypothèses suivantes :

- la phase initiale est achevée et on se trouve en phase de diffusion ;
- le processus de diffusion est limitant et non celui de solubilisation ;
- le coefficient de partage du soluté entre les deux phases est égal à l'unité (1) ;
- la masse de solide reste constante, suite à une compensation du départ de soluté par une entrée de solvant ;
- la phase solide est suffisamment divisée pour qu'on puisse négliger les gradients internes de concentration en soluté.

5.3.1.1.5 Opération en batch

Soit C et C' les concentrations (masse/masse) de soluté dans la phase solide et liquide. On a :

$$dC = -K.\left(C - C'\right)dt \quad \textbf{(1)}$$

Soit M, la masse de la suspension (fraction massique de soluté) ; soit C_O, la concentration initiale du soluté dans la phase solide. On peut écrire le bilan matière suivant :

$$S.M.C_o = S.M.C + (1 - S)M.C'$$

Soluté de la solution initiale = soluté dans le solide + soluté dans le solvant

soit :

$$C' = S.M\frac{(C_o - C)}{M(1-S)} = S\frac{(C_o - C)}{1-S} \qquad \textbf{(2)}$$

en combinant les équations **(1)** et **(2)**, on aura

$$dC = -K\left[C - S.\frac{C_o - C}{1-S}\right]dt$$

ou encore $dC = -K\frac{(C - S.C_o)}{1-S}.dt$, dont l'intégration entre C_0 et C donne :

$$Ln\left[\frac{C - C_O.S}{C_o.(1-S)}\right] = -.K.\frac{t}{1-S}$$

ce qui donne :

$$C' = C_o\left[\left(S + (1-S).e^{-K.\frac{t}{1-S}}\right)\right]$$

et

$$C' = S.C_o\left(1 - e^{-K.\frac{t}{1-S}}\right)$$

le rendement $r = M.(1-S).\frac{C'}{S.M.C_o} = (1-S)\left(1 - e^{-K.\frac{t}{1-S}}\right)$, tendra vers $(1-S)$ quand le temps d'opération t tend vers l'infini.

5.3.1.1.6 Opération en continu

On fera les calculs pour une opération à contre-courant (plus efficace, car elle offre le plus grand gradient de concentration, par conséquent un bon rendement). De plus, on considère que l'écoulement est piston et partant, que les vitesses sont uniformes, et qu'il n'existe pas de rétro diffusion (diffusion axiale).

Considérons un extracteur de longueur L.

On a au point x la concentration C en soluté dans le solide, et C' dans l'extrait. En position x + dx, on aura :

$C + dC$ et $C' + dC'$

$$dC = -K.(C - C')dt \qquad \textbf{(1)}$$

Soit C_L, la concentration en soluté du solide à la sortie de l'extracteur, et soit M et M', les débits massiques des phases solide et liquide. Un bilan matière sur la portion d'extracteur comprise entre x et L nous donne :

$M.C = M.C_L + M'.C'$ ou encore $M.(C - C_L) = M'.C'$

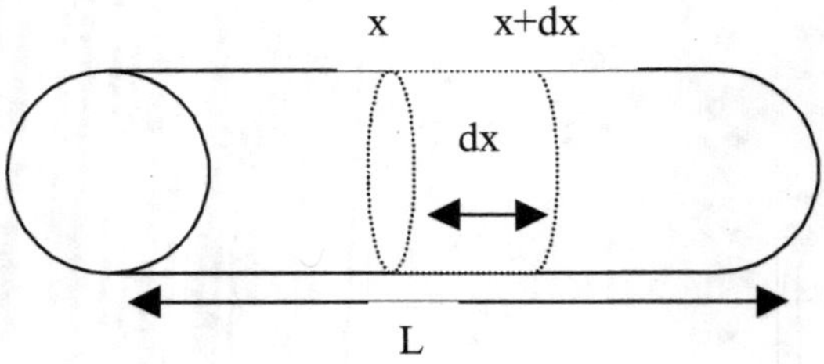

Figure 14 : Extracteur tubulaire.

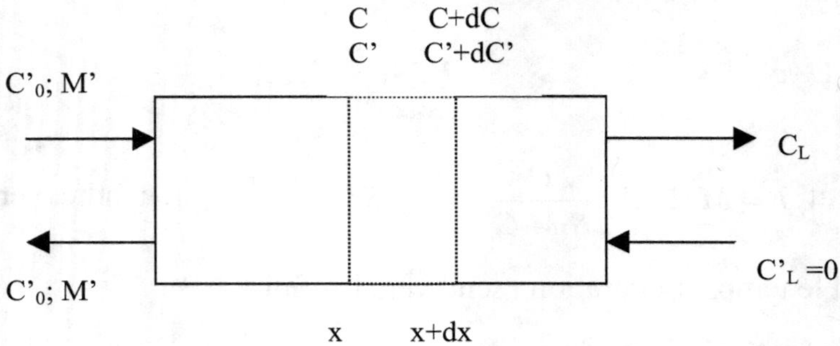

Figure 15 : Bilan autour d'un extracteur à contre-courant.

on a donc :

$$C' = \frac{C - C_L}{\frac{M'}{M}} \qquad \textbf{(2)}$$

avec

$$\sigma = \frac{M'}{M}$$

le facteur σ est appelé souvent (en sucrerie) **soutirage,** d'où **:**

$$C' = \frac{C - C_L}{\sigma} \qquad \textbf{(3)}$$

on peut donc écrire :

$$dC = -K\left[C - \frac{(C - C_L)}{\sigma}\right]dt \qquad \textbf{(4)}$$

Soit V, la vitesse linéaire de la phase solide dans l'extracteur on a :

$$V = \frac{dx}{dt}$$

donc :

$$dC = -\frac{K}{V}\left(C - \frac{C - C_L}{\sigma}\right)dx$$

$$= -\frac{K(\sigma-1)}{V.\sigma}\left(C + \frac{C_L}{\sigma-1}\right)dx \qquad \textbf{(5)}$$

en intégrant cette équation entre C_0 et C_L d'une part, et entre 0 et L d'autre part, on a :

$$\int dC \frac{1}{C + \dfrac{C_L}{\sigma - 1}} = -K\frac{\sigma-1}{V\sigma}\int dx$$

et qui donne :

$$Ln\left(\frac{\sigma.C_L}{(\sigma-1).C_o + C_L}\right) = -K.(\sigma-1)\frac{L}{V\sigma} \qquad \textbf{(6)}$$

d'où l'on tire :

$$C_L = \frac{C_o(\sigma-1).\exp^{-\left(K(\sigma-1)\frac{L}{V}\right)}}{\sigma - \exp^{-\left(K(\sigma-1)\frac{L}{V\sigma}\right)}} \qquad \textbf{(7)}$$

soit C_0', la concentration en soluté de l'extrait ; un bilan sur l'ensemble de l'extracteur donne :

d'après l'équation **(3),** $C_o^{'} = \dfrac{C_o - C_L}{\sigma}$ soit en reconsidérant dans l'équation **(7),** on aura :

$$C_o^{'} = C_o.\frac{1 - e^{-\left(K.(\sigma-1)\frac{L}{V\sigma}\right)}}{\sigma - e^{-\left(K.(\sigma-1).\frac{L}{V\sigma}\right)}} \qquad \textbf{(8)}$$

le rendement sera donc r = M'.C₀'/M.C_O = σ(C₀'/C_O), ou simplement :

$$r = \sigma . \frac{1 - e^{-\left(K.(\sigma-1)\frac{L}{V\sigma}\right)}}{\sigma - e^{-\left(K.(\sigma-1).\frac{L}{V\sigma}\right)}} \qquad \textbf{(9)}$$

5.3.2 Extraction liquide/liquide

L'extraction liquide/liquide est utilisée pour séparer deux composés qui forment une phase liquide homogène, à l'aide d'un troisième composé liquide, non totalement miscible à cette première phase, et constituant ainsi une deuxième phase liquide.

Comme l'extraction solide/liquide, cette forme d'extraction comporte trois opérations successives, notamment :

- la mise en contact de la solution de soluté (soluté + diluant), qui est le produit à transférer dans un tiers liquide appelé solvant ;
- la décantation et la séparation des deux couches obtenues que l'on nomme extrait (phase riche en solvant) et raffinat (phase riche en diluant) ;
- séparation du solvant et du soluté, c'est-à-dire l'isolement du soluté et la régénération du solvant à recycler.

5.3.2.1 Extraction à un étage (opération simple)

Au cours de cette opération, les deux phases solvant et solution de soluté à traiter sont mises en contact, pendant un temps nécessaire pour qu'elles se mettent en équilibre, c'est-à-dire pour que le soluté se répartisse entre elles avec des concentrations correspondant au coefficient de partage.

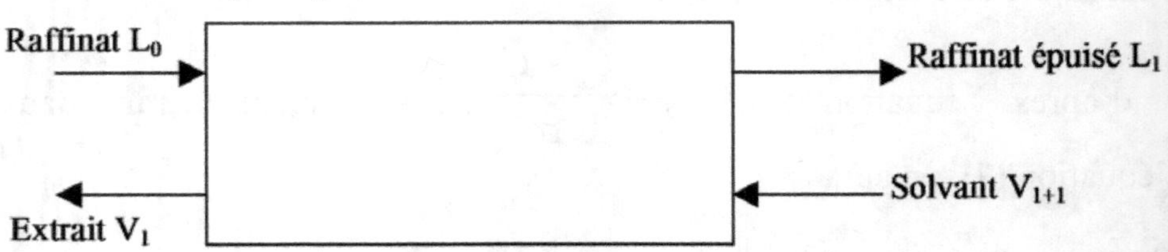

Figure 16 : Extracteur à un étage et à contre-courant.

- L_o est un mélange des composants a et b ;

- V_{1+1} débit volumique du solvant pouvant contenir une partie de a et de b s'il provient d'un extracteur antérieur ;

- $L_o + V_{1+1}$ correspondent à un mélange M.

Le bilan matière global s'écrit :

$$L_o + V_{1+1} = L_1 + .V_1 \qquad \textbf{(1)}$$

Le bilan partiel par rapport au soluté a est donné par :

$$L_o.X_o + V_{1+1}.Y_1 = M.X_m = V_1.Y_1 + L_1.X_1 \qquad \textbf{(2)}$$

avec :

a : soluté dissout dans un diluant ;

b : raffinat (diluant) ou solvant lourd contenant le soluté a, à extraire ;

S : solvant léger servant à extraire le soluté a ;

L : débit volumique de mélange riche en raffinat ;

V : débit volumique de mélange riche en extrait ;

X : concentration du soluté dans le raffinat ;

Y : concentration du soluté dans le solvant (extrait) ;

M : débit volumique du mélange total (L + V).

En combinant **(1)** et **(2)** et tenant compte du principe de la conservation de la matière, on a :

$$X_m = \frac{L_o.X_o + V_{1+1}.Y_1}{L_o + V_{1+1}} = V_1.Y_1 + \frac{L_1.X_1}{L_1 + V_1} \qquad \textbf{(3)}$$

X_m permet de localiser le point M (état du mélange d'une part, et d'expliciter l'équation **(2)** par rapport à L_1 et V_1 d'autre part), avec :

$$V_1 = M.\frac{X_m + X_1}{Y_1 - X_1} \qquad \textbf{(4)}$$

car $L_1 = M - V_1$ et :

$$L_1 = M.\frac{(Y_1 - X_m)}{Y_1 - X_1} \qquad \textbf{(5)}$$

En présence d'un système comprenant un raffinat, un extrait et un soluté, on peut déterminer expérimentalement les relations d'équilibre entre les deux phases, à moins que l'on ait pu se les procurer dans la littérature. De même, on peut déterminer une série de paires (L,V) qui donne la droite opératoire.

Il est donc possible de calculer les quantités de raffinats et d'extraits correspondant aux phases en équilibre à l'aide des formules **(4)** et **(5)**.

Dans la pratique, on procède à ce type d'extraction toujours en continu et surtout à contre-courant ; compte tenu des avantages en termes de production et productivité (faible consommation de solvant, fort débit de production...).

5.3.2.2 Extraction à n étages en continu et à contre-courant

5.3.2.2.1 Cas particulier

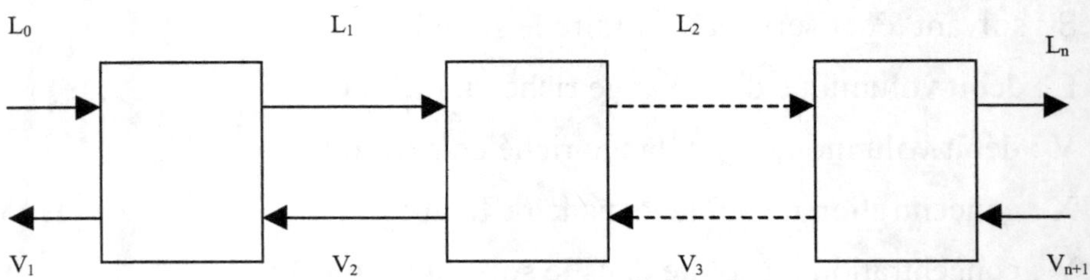

Figure 17 : Extracteur à n étages et à contre-courant.

Cette représentation est équivalente à un système à un étage, mais de plus grande capacité, comme l'indique la figure suivante :

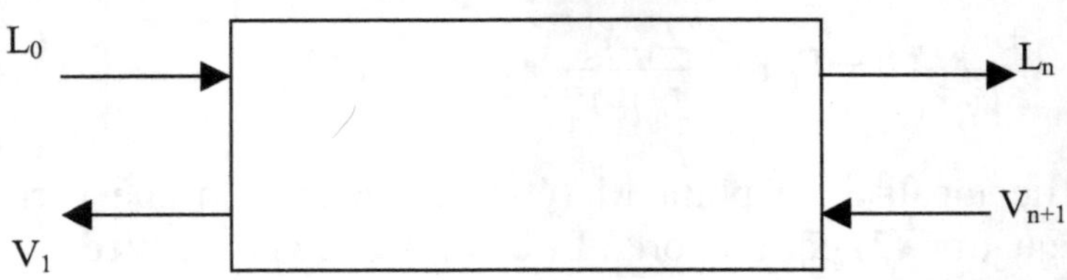

Figure 18 : Représentation équivalente du système multi-étagé.

Hypothèses

Cette approche suppose L et V constants dans tous les étages ; ce qui n'est vérifié que si les concentrations du soluté dans le solvant sont faibles (sinon la variation des débits massiques suite à la variation des concentrations sera importante).

Bilan matière global :

$$L_o + V_{n+1} = V_1 + L_n$$

Bilan par rapport au soluté a :

$L_o.X_o + V_{n+1}.Y_{n+1} = L_n.X_n + V_1.Y_1$ ce qui revient à

$$V_{n+1}.Y_{n+1} = L_n.X_n + V_1.Y_1 - L_o.X_o$$

d'où :

$$Y_{n+1} = \frac{L_n}{V_{n+1}}.X_n + \frac{V_1.Y_1 - L_o.X_o}{V_{n+1}}$$

Cette équation établit une relation entre la teneur en soluté (a) de la phase légère Y_{n+1} entrant dans l'étage n, et la teneur en (a) de la phase lourde X_n sortant du même étage. Suivant notre hypothèse où L et V restent constants, on aura :

$$Y_{n+1} = \frac{L}{V}.X_n + \frac{V.Y_1 - L.X_o}{V}$$

de la forme :

$$Y_{n+1} = A.X_n + B$$

Qui est l'équation d'une droite de pente A et d'ordonnée à l'origine B. Cette droite est appelée **droite opératoire.** Elle renseigne sur l'évolution des compositions entre l'entrée et la sortie de l'équipement.

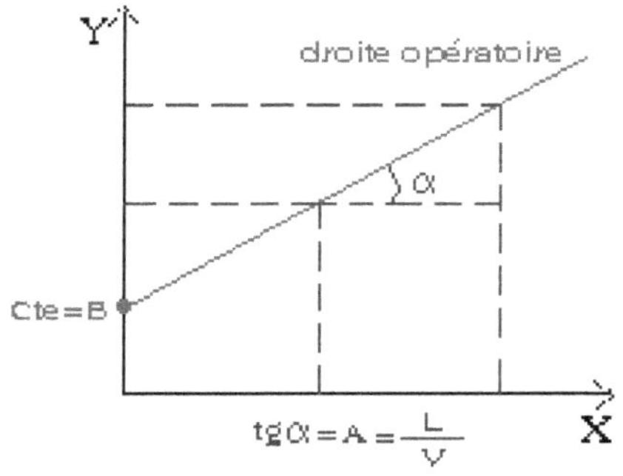

Figure 19 : Droite opératoire d'un système multi étagé à contre-courant.

Si on trace cumulativement la droite opératoire et la courbe d'équilibre sur un même graphe, on peut dès lors calculer graphiquement ***(méthode de Mc.Cabe et Thiele***) le nombre d'étages nécessaires pour réaliser une extraction donnée, à condition de connaître au préalable :

- les débits massiques ou molaires de solvant et de raffinat V_1et L_o ;
- les compositions en soluté du solvant et du raffinat (X_o, Y_1).

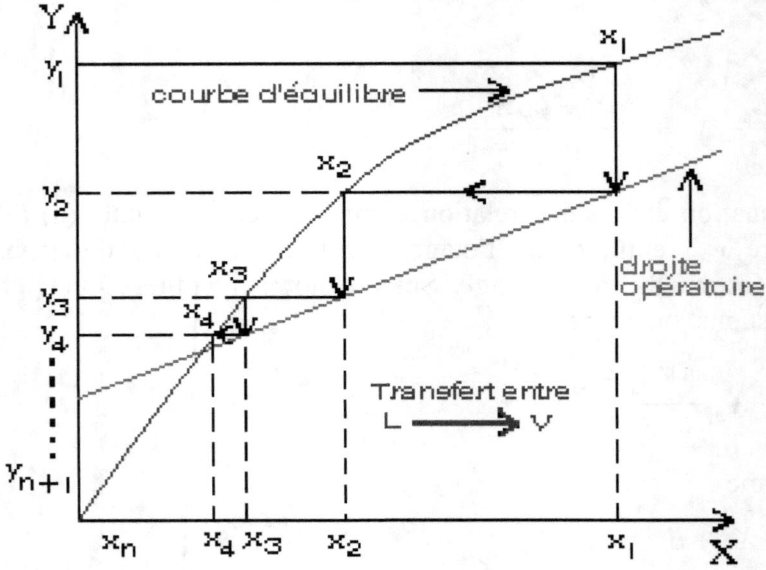

Figure 20 : Détermination du nombre d'étages théoriques (méthode de Mc Cabe et Thiele).

On procède à des projections verticales et horizontales entre la courbe d'équilibre et la droite opératoire, ainsi jusqu'à X_n concentration de la phase lourde sortant de l'extracteur du côté opposé à Y_1.

Remarque : la courbe opératoire est une droite si et seulement si le rapport des débits est constant. X titre (fraction) massique ou molaire ; dans le cas contraire, on considère le rapport massique (masse soluté/masse diluant) ou molaire.

5.3.2.2.2 Cas général

5.3.2.2.2.1 Procédé à co-courant

Soit la conduite du procédé ci-contre :

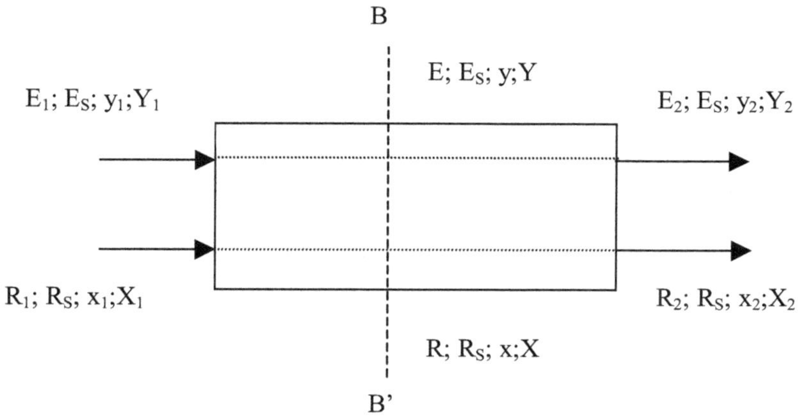

Figure 21 : Bilan autour d'un extracteur mono étagé à co-courant.

Soit E et R, deux phases non miscibles ; supposons qu'un seul constituant A diffuse de R vers E lorsque les phases sont mises en contact. Supposons que toutes les autres substances autres que A ne diffusent pas (elles constituent le solvant pour le composé A). On peut dire qu'à l'entrée de l'appareil :

- la phase R renferme R_1 moles totales, divisé en R_S moles de substances ne diffusant pas, et un certain nombre de moles de A de concentration x_1 (fraction molaire de A) ;

- de même, A diffuse vers E tout au long de l'équipement et donc, le nombre total de moles dans R sera R_2 à la sortie ($R2 < R1$). Par ailleurs, R_S reste constant. La fraction molaire de A en sortie chute à x_2. Pour la 2e phase E, on aura à l'entrée E_1 moles totales avec E_S moles de composés inertes et une concentration y_1 (fraction molaire) de A.

Remarque : $y_1 = 0$; si le solvant est initialement pur comme le transfert s'effectue vers E, la concentration en A dans E va croître de y_1, et sera y_2 à la sortie.

Bilan matière sur enveloppe I (ensemble du système)

Bilan matière global : Entrée = sortie

Quantité de A dans R (à l'entrée) + Quantité de A dans E (à l'entrée) = quantité de A dans R (à la sortie) + quantité de A dans E (à la sortie).

soit :

$$R_1.x_1 + E_1 y_1 = R_2.x_2 + E_2.y_2 \qquad (1)$$

ou

$$R_1.x_1 - R_2.x_2 = E_2.y_2 - E_1 y_1 \qquad (2)$$

or,

$$R_1.x_1 = R_S \frac{x_1}{1-x_1} = R_S X_1 \ ;$$

X_1 étant le rapport molaire.

Car $R_1 = R_1.x_1 + R_S$ d'où, $R_1.(1-x_1) = R_S$; donc :

$$R_1 = \frac{R_S}{1-x_1}$$

le rapport molaire étant X_1 = mole de A/mole de non A

de la même façon on peut écrire :

$$\begin{aligned} R_2 x_2 &= R_S.X_2 \\ E_2.y_2 &= E_S.Y_2 \\ E_1.y_1 &= E_S.Y_1 \end{aligned} \qquad (3)$$

l'équation **(2)** devient :

$$R_S.(X_1 - X_2) = E_S.(Y_2 - Y_1) \qquad (4)$$

qui est l'équation d'une droite $Y = f(x)$, de pente $-\frac{R_S}{E_S}$ passant par les points de coordonnées (X_1, Y_1) et (X_2, Y_2) respectivement.

Ce bilan rend compte de la situation entre l'entrée et la sortie de l'équipement. Par ailleurs, dans toute la section B - B' de l'appareil, les fractions molaires de A sont x, et y et les rapports molaires X et Y, respectivement dans les phases R et E. Donc, le bilan sur l'enveloppe II permet d'écrire :

$$R_S.(X_1 - X) = E_S.(Y - Y_1) \qquad (5)$$

La droite ainsi obtenue est identique à celle de l'équation **(4)** de pente $-R_S/E_S$, et passant par les points de coordonnées (X_1, Y_1) et (X_2, Y_2). L'équation **(5)** sera considérée comme l'expression générale reliant les compositions dans les phases E et R au sein de l'appareil à n'importe quelle distance de l'entrée : c'est la **droite opératoire.**

Remarque : la masse, la fraction massique et le ratio massique peuvent se substituer aux moles, à la fraction molaire et au rapport molaire.

Comme dans le cas d'une opération simple, on procède à la construction du diagramme de Mc Cabe et Thiele.

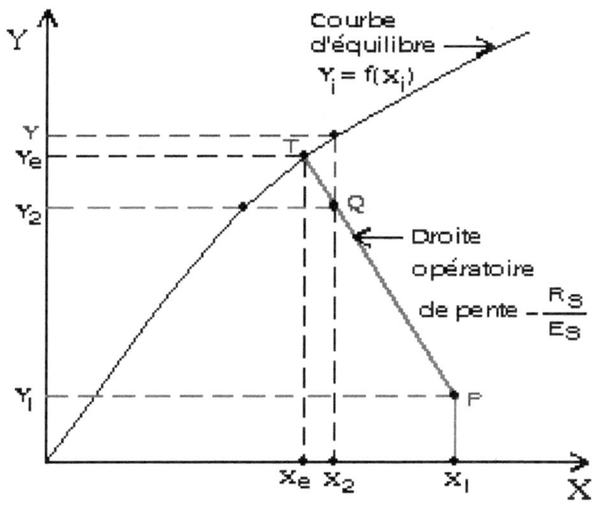

Figure 22 : Droite opératoire d'un extracteur mono étagé à co-courant (transfert de R vers E).

Remarque :

- si le temps de contact est suffisamment long, c'est-à-dire si la longueur de l'appareil est augmentée, on aura un prolongement de la droite opératoire **PQ** et ce, jusqu'au point d'intersection (**PT**) avec la courbe d'équilibre. A partir de ce moment, on détermine les concentrations à l'équilibre (X_c, Y_c) ;

• si le transfert s'effectue de E vers R, la droite d'équilibre se trouvera au-dessus de la courbe d'équilibre et à l'opposé ;

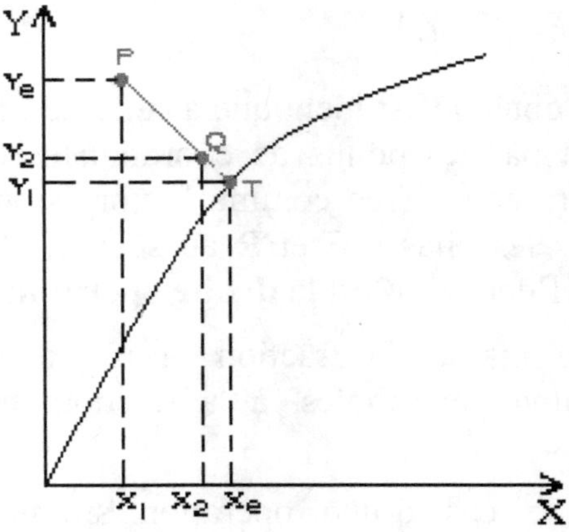

Figure 23 : Droite opératoire d'un extracteur mono étagé à co-courant (transfert de E vers R).

• les courbes opératoires sont des droites dans les deux cas précédents ; car les grandeurs exprimant la composition (rapport molaire X, Y), sont basées sur les quantités invariables (E_S, R_S). Si on les exprime en fonction des fractions molaires ou autres formes d'expression de composition proportionnelle à la fraction molaire ; comme la pression partielle par exemple, ou si les rapports des débits ne sont pas constants, alors la droite opératoire prendra plutôt l'allure d'une courbe (droite à pente variable).

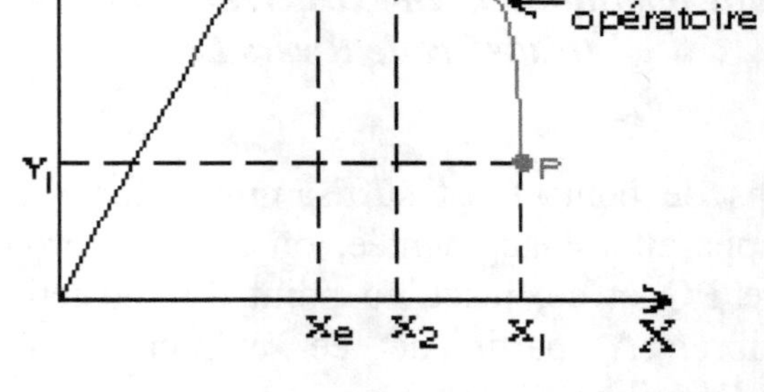

Figure 24 : " Droite " opératoire à pente variable.

Dans ce cas, l'extrapolation de cette courbe permettant de déterminer le point T est rendue difficile. En effet, dans toute opération où la quantité (rapport des débits) des deux phases E et R reste constante suite à la diffusion d'un composé d'une phase à l'autre (variation de concentration sans variation de volume). La courbe opératoire est une droite dans le cas où la variation de concentration engendre une variation sensible des volumes, alors la droite opératoire prendra l'allure d'une courbe.

5.3.2.2.2.2 Procédé à contre-courant

Considérons la conduite du procédé suivant :

Bilan matière sur I

$$E_2.y_2 + R_1.x_1 = E_1 y_1 + R_2.x_2 \qquad \textbf{(1)}$$

et

$$R_S.(X_1 - X_2) = E_S.(Y_1 - Y_2) \qquad \textbf{(2)}$$

Bilan matière sur II

$$E.y + R_1.x_1 = R.x + E.y_1 \qquad \textbf{(3)}$$

et

$$R_S.(X_1 - X) = E_S.(Y_1 - Y) \qquad \textbf{(4)}$$

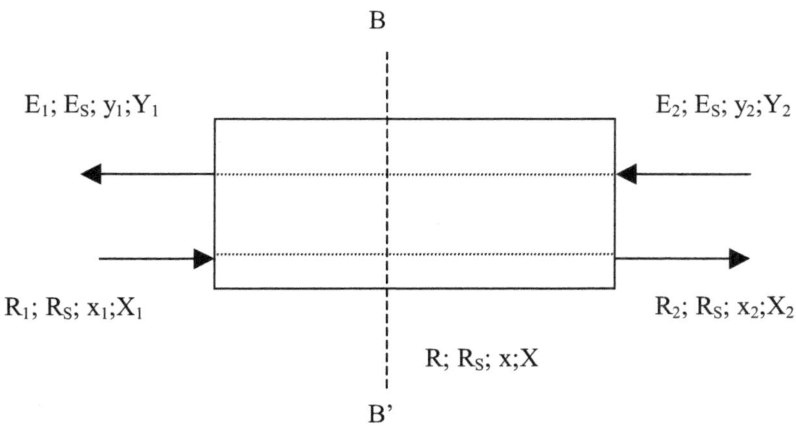

Figure 25 : Bilan autour d'un extracteur mono étagé à contre-courant.

Les équations **(3)** et **(4)** donnent la relation générale entre les concentrations dans les deux phases (R, E) à un point quelconque de l'appareil, tandis que les équations **(1)** et **(2)** établissent le bilan matière global. De même, les équations **(2)** et **(4)** donnent une droite de pente R_S/E_S passant par les points de coordonnées (X_1, Y_1) et (X_2, Y_2).

Comme précédemment, la droite opératoire passera en dessous de la courbe d'équilibre de distribution si le transfert se fait de R vers E ; en dessus si le transfert s'effectue de E vers R. On aura dans les deux cas la représentation graphique suivante :

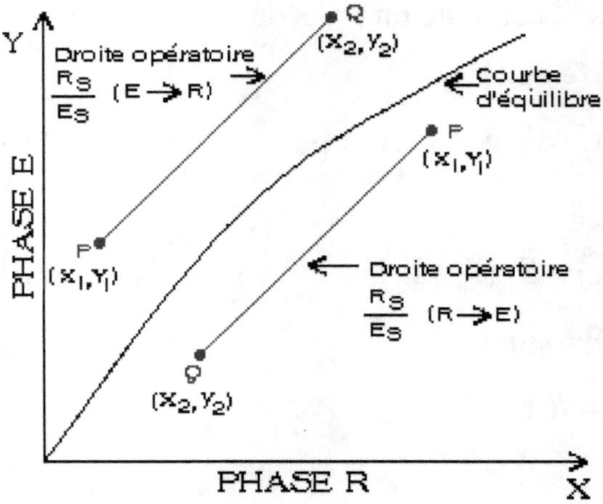

Figure 26 : Droites opératoires d'un extracteur mono étagé à contre-courant (transferts de R vers E et de E vers R).

Résumé

Le calcul d'un équipement d'extraction revient principalement à déterminer le nombre d'étages théoriques (NET), ainsi que le rapport r des débits des deux phases, les données nécessaires pour cela sont :

- les relations d'équilibre entre les deux phases à déterminer expérimentalement, à moins que l'on ait pu se les procurer dans la littérature ;
- le titre en soluté de la phase à extraire ;
- le rendement souhaité pour l'extraction, ou le titre en soluté de cette phase à extraire en fin d'opération ;
- la teneur éventuelle en soluté du fluide extracteur après régénération.

Ensuite, les principaux problèmes seront le choix de l'appareil, puis le calcul de ses dimensions (diamètre et hauteur). Il va de soi que les connaissances des réponses à apporter à ces différentes questions permettront également la résolution du problème inverse ; à savoir la détermination des performances qu'un appareil donné pourra fournir en utilisant dans d'autres conditions, ou avec d'autres produits que ceux pour lesquels il a été conçu.

5.3.3 Extraction à n étages en série ou cascade

Un groupe d'étages interconnectés de sorte que les flux sortant d'un étage entrent dans le suivant est appelé cascade. Son but est d'accroître le transfert de matière par rapport à la possibilité offerte par un seul étage. L'efficacité d'une cascade est le rapport entre le nombre d'étages d'équilibre auquel la cascade est équivalente et le nombre d'étages réels.

Remarque : Si l'on procède à co-courant sur une cascade de deux ou plusieurs étages, le résultat obtenu est semblable à celui d'une opération à un seul étage (du pareil au même) : seule la longueur de l'étage change. Pour améliorer l'efficacité, il faut opérer soit en courant- croisé, soit à contre-courant.

5.3.3.1 Cascade à courant-croisé

Dans cette opération, la phase R circule d'un étage à l'autre, et est mise en contact à chaque étape avec une nouvelle phase E (solvant frais) ; et ce à co-courant. Le bilan matière n'est qu'une répétition du cas d'un co-courant à un seul étage. Il en est de même pour la représentation graphique qui en découle (moyennant quelques légères modifications).

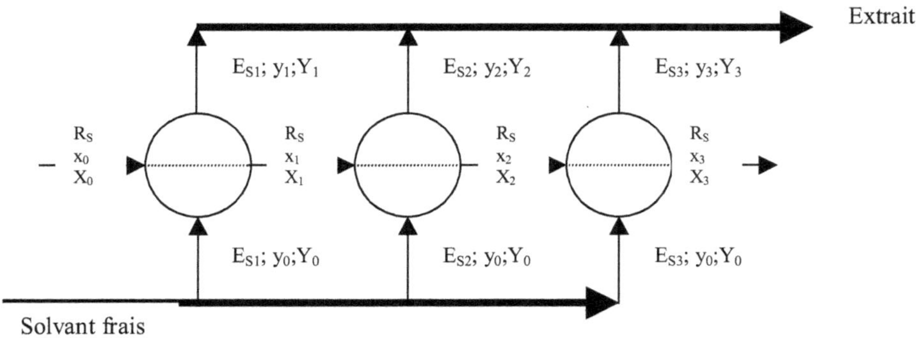

Figure 27 : Cascade à courants croisés.

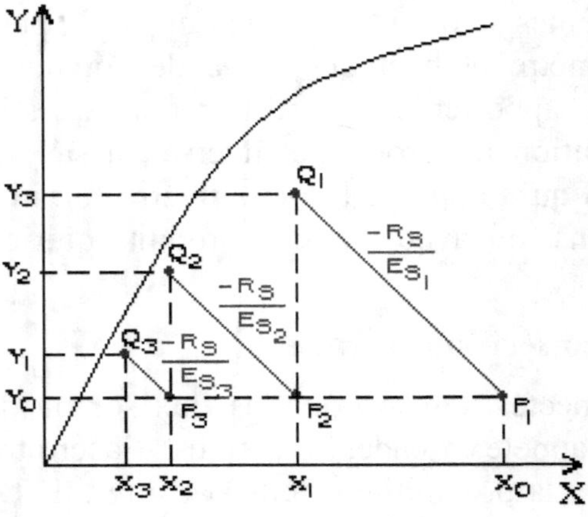

Figure 28 : Droites opératoires d'une cascade à courants croisés.

Remarque : Si les débits de solvant E_{S1}, E_{S2}, E_{S3} sont égaux, alors les droites $\overline{P_1Q_1}$, $\overline{P_2Q_2}$, $\overline{P_3Q_3}$ seront parallèles. Cette opération est plus efficace ; car l'extrait obtenu est la somme des extraits issus de 1, 2 et 3.

5.3.3.2 Cascade à contre-courant

La cascade à contre-courant est l'opération la plus efficace, car elle requiert le minimum d'étages pour une modification de composition donnée et un rapport de volume solvant-raffinat donné. C'est la méthode la plus utilisée en pratique.

Remarque : Dans cette opération, chaque étage est identique dans son action, à un système à co-courant. Cependant, la cascade dans l'ensemble fonctionne à contre-courant.

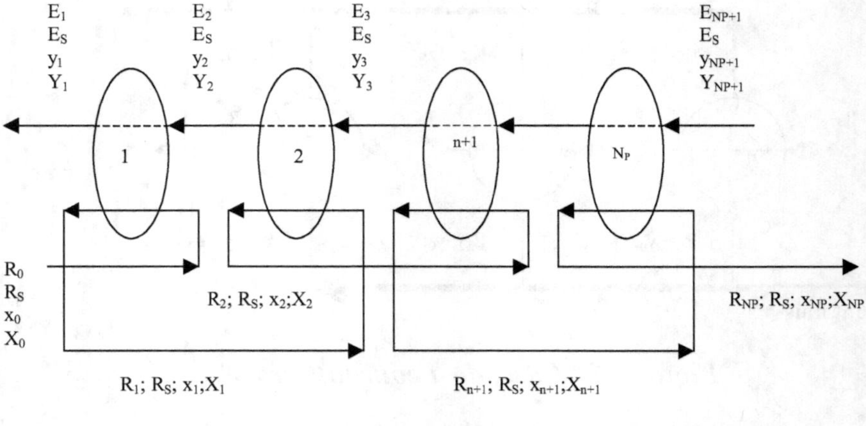

Figure 29 : Cascade à contre-courant.

Bilan matière global :

$$R_S.(X_o - X_{NP}) = E_S.(Y_1 - Y_{NP+1})$$

Ceci est l'équation d'une droite de pente $\frac{R_S}{E_S}$.

En représentant la courbe d'équilibre et les différentes droites opératoires, on aura la configuration suivante :

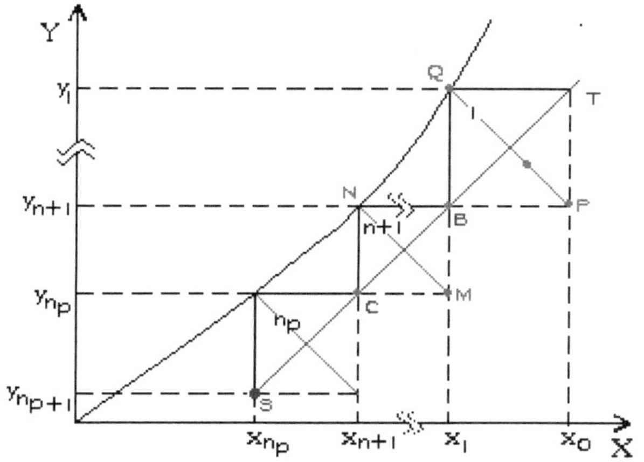

Figure 30 : Droites opératoires de chaque étage et droite opératoire de la cascade.

Les droites opératoires $\overline{PQ}$, $\overline{MN}$ ect...sont de pente $-\frac{R_{Si}}{E_{Si}}$, et sont relatives aux étapes i =1, 2...n, qui fonctionnent à co-courant.

Remarque :

- les droites opératoires $\overline{QP}$, $\overline{MN}$ ect... des étages 1, 2...n ; touchent la courbe d'équilibre ; car les étages sont supposés idéaux ;
- les points tels que B, C... représentent les compositions des différentes phases passant d'un étage à l'autre ;
- si jamais la courbe d'équilibre et la droite opératoire se touchent quelque part, alors il faudrait une infinité d'étages pour arriver à la composition désirée ;
- dans des cas spéciaux où la courbe d'équilibre et la droite opératoire sont des droites parallèles confondues, alors la détermination

graphique est rendue difficile (impossible) ; il faudrait une détermination analytique.

5.3.4 Détermination analytique du nombre d'étages théoriques

Si la courbe d'équilibre est de pente $m = \frac{Y_{n+1}}{X_{n+1}}$ et si le facteur d'enrichissement est $A = \frac{R_S}{m.E_S}$, le bilan entre les étages de rang (n+1) et N_p est :

$$E_S.(Y_{n+1} - Y_{NP+1}) = R_S.(X_n - X_{NP}) \qquad \textbf{(1)}$$

or, $Y_{n+1} = m.X_{n+1}$; en substituant dans **(1)**, on a :

$$E_S.(mX_{n+1} - Y_{NP+1}) = R_S.(X_n - X_{NP})$$

Donc :

$$E_S mX_{n+1} - R_{S.}X_n = E_S.Y_{NP+1} - R_S.X_{NP}$$

et en divisant par R_S, on a :

$$\frac{m.E_S}{R_S}.X_{n+1} - X_n = \frac{E_S}{R_S}.Y_{NP+1} - X_{NP}$$

soit :

$$\frac{1}{A}.X_{n+1} - X_n = \frac{1}{mA}.Y_{NP+1} - X_{NP}$$ d'où :

$$X_{n+1} - A.X_n = \frac{1}{m}.Y_{NP+1} - A.X_{NP} \qquad \textbf{(2)}$$

qui est une équation différentielle finie du 1er ordre : de solution générale $X_n = C_1.A^n C_1 = constante$.

Solution particulière

$constante = X = C_2$; car $\frac{Y_{NP+1}}{m} - A.X_{NP}$ = constante

en substituant dans (2), on a :

$$C_2 - A.C_2 = \frac{Y_{NP+1}}{m} - A.X_{NP}$$

Donc :

$$C_2 = f\left(1 - A, \frac{Y_{NP+1}}{m}, X_{NP}\right)$$

Soit :

$$X_n = C_1 . A^n + C_2$$

La solution générale permettant de déterminer la concentration X_n à n'importe quel étage de la cascade. On peut donc déduire :

- **pour un transfert de R vers E**

si A ≠ 1

$$N_p = \frac{Log\left[\frac{X_o - \frac{Y_{NP+1}}{m}}{X_{NP} - \frac{Y_{NP+1}}{m}} . \frac{1}{A} + A\right]}{Log\frac{1}{A}}$$

si A = 1

$$N_p = \frac{X_o - X_{NP}}{X_{NP} - \frac{Y_{NP+1}}{m}}$$

- **pour un transfert de E vers R**

si A ≠ 1

$$N_P = \frac{Log\left[\left(\frac{Y_{NP+1} - mX_o}{Y_1 - mX_o}\right) . \left(1 - \frac{1}{A}\right) + \frac{1}{A}\right]}{LogA}$$

si A = 1

$$N_p = \frac{\left(Y_{NP+1} - Y_1\right)}{\left(Y_1 - mX_o\right)}$$

Ces équations sont appelées équations de Kremser-Brown-Souders ou tout simplement équation de Kremser.

Remarque : le nombre d'étages théoriques (NET) nécessaires est d'autant plus grand que le rapport débit de solvant sur débit de diluant est petit, et vice versa.

Si par exemple on choisit un couple avec r grand et NET petit, on diminue la hauteur de la colonne, mais on augmente sa section et ainsi, les dépenses d'énergie nécessaire pour la récupération du solvant. On choisit donc le couple (r, NET) qui convient le mieux, compte tenu des données économiques et des diverses contraintes.

5.4 Notion d'efficacite d'un étage

5.4.1 Étage théorique (idéal)

Un étage est dit théorique ou idéal, si le temps de contact est suffisamment long pour que l'équilibre soit atteint (ce qui est difficile à réaliser dans la pratique). Ce type d'étage présente une efficacité de 100%. Dans un procédé continu à co-courant, si l'étage est idéal, les compositions des effluents seront données par le point T (intersection droite opératoire-courbe d'équilibre).

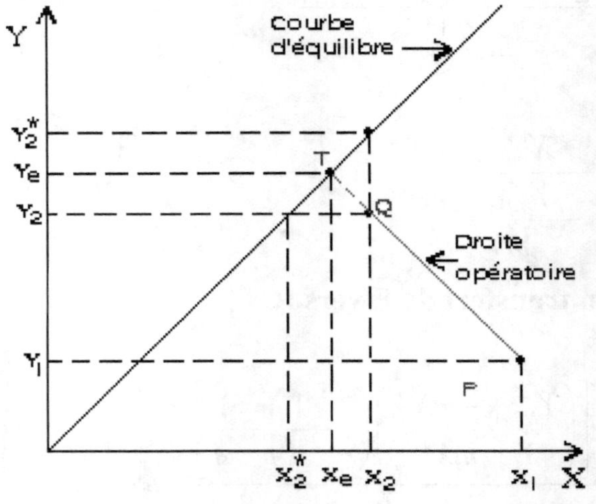

Figure 31 : Compositions à l'équilibre (étage théorique).

5.4.2 Efficacité :

L'efficacité de l'équipement sera définie comme suit :

$$\eta = \frac{QP}{TP}$$

C'est-à-dire le rapport entre la quantité de soluté transférée sur la quantité devant être transférée si l'équilibre est atteint. Cependant, l'expression la plus utilisée est celle de **Murphree** définissant l'efficacité d'un étage par rapport à l'une ou l'autre phase (E ou R).

- Efficacité de Murphree par rapport à E

$$E_{ME} = \frac{(Y_2 - Y_1)}{(Y_2^* - Y_1)}$$

- Efficacité de Murphree par rapport à R

$$E_{MR} = \frac{(X_1 - X_2)}{(X_1 - X_2^*)}$$

Cette définition de Murphree est purement arbitraire ; car on ne peut pas savoir une concentration dans E supérieure à Y_c et dans R inférieure à X_c. De même, ces efficacités ne sont pas égales pour un même étage. Elles présentent cependant un réel intérêt en pratique lorsque la courbe d'équilibre est une droite. En effet, dans tel cas, si on considère la pente de la courbe d'équilibre comme étant :

$m = \frac{(Y_2^* - Y_2)}{(X_2 - X_2^*)}$ on peut écrire :

$$E_{ME} = \frac{E_{MR}}{(E_{MR}(1-S)+S)} = \frac{E_{MR}}{\left(E_{MR}\left(1-\frac{1}{A}\right)+\frac{1}{A}\right)}$$ avec :

$S = m\frac{E_S}{R_S}$ appelé facteur d'épuisement

$A = \frac{R_S}{mE_S}$ appelé facteur d'enrichissement

Conclusion partielle

Cette partie présente les opérations unitaires de séchage, d'évaporation, de concentration, de cristallisation et d'extraction. Ces opérations sont essentielles dans le processus d'extraction du sucre de canne.

DEUXIÈME PARTIE

SUCRERIE ET RAFFINERIE DES CANNES

Le principe même de l'extraction du sucre, qu'il soit de canne ou de betterave, consiste à isoler le saccharose en éliminant successivement tous les autres constituants de la plante. Le sucre contenu dans la tige est également obtenu par des procédés uniquement naturels.

L'usine est située près *des lieux* de culture, la campagne est souvent très longue (de 4 à 11 mois).

Dans sa première phase, l'extraction du sucre de canne procède de techniques distinctes de celles utilisées pour la betterave. Ce n'est qu'à partir du moment où le jus extrait de la canne aura été épuré, c'est-a-dire au stade de l'évaporation que le traitement industriel deviendra identique. La constitution particulière des deux plantes - canne et betterave - impose en effet des procédés différents d'extraction et d'épuration, du jus. D'autre part, le jus de la canne est épuré par simple chaulage et ne subit pas de carbonatation. Le jus de betterave est extrait par dilution alors que le jus de canne est extrait par imbibition.

CHAPITRE 1

LA CANNE À SUCRE

Connus depuis la préhistoire, la canne à sucre et le miel furent longtemps les seules sources de sucre de l'humanité. Le roseau sucré a d'abord été utilisé à l'état sauvage avant d'être cultivé. Des indices qui permettent de remonter sont d'origine botanique au « Saccharum robustum » de la Nouvelle-Guinée et datent de plus de 12 000 années. En effet, les peuples indigènes de cette région consommaient le jus sucré renfermé dans les tiges du roseau sucré.

De ce berceau, la culture de la canne à sucre aurait été exportée d'abord vers l'est, s'implantant dans les Nouvelles-Hébrides et la Nouvelle-Calédonie aux alentours de 8000 av. J.-C. La fabrication du sucre voit le jour à Célèbes, à Bornéo, à Java, en Indochine et en Inde en 6000 av. J.-C. environ. De l'Inde, la canne à sucre fut acheminée en Chine, où les caractéristiques du sol étaient idéales pour sa culture. La littérature chinoise mentionne que l'Empereur Tai-Sun envoya un émissaire en Inde pour apprendre la fabrication du sucre (200 av. J.-C.). En effet, en Inde, des méthodes primitives d'extraction et de raffinage du sucre de canne étaient utilisées par les peuples de la civilisation harrapan. Ces peuples maîtrisaient déjà une méthode pour produire des sirops sucrés et concentrés à partir de la sève du dattier et d'autres espèces de palmiers. Le mot sucre provient du sanscrit, langue sacrée des brahmanes : « sarkara ».

Par Néarque, amiral d'Alexandre le Grand, les peuples d'Occident apprirent l'existence de la canne à sucre 325 ans av. J.-C. Néarque qui, par la vallée de l'Indus, alla explorer la mer des Indes, parle dans son cahier de voyages d'une sorte de miel produit à partir de la canne à sucre, sans le concours des abeilles. C'est vers le troisième siècle av. J.-C. que des marchands indiens et perses commencent à importer du sucre sur les rivages de la Méditerranée orientale, en Arabie et en Égypte. Des textes montrent bien qu'au premier siècle après J.-C., le sucre était déjà produit sous forme solide ce qui facilitait son transport par caravane à travers l'Asie Mineure jusqu'aux ports de la Méditerranée d'où il gagne la Grèce puis l'Empire romain. Le brassage des populations dû aux guerres et aux échanges commerciaux participa largement à l'expansion de la canne à sucre. La canne à sucre ne poussant que dans les régions asiatiques à climat chaud ne fut importée que vers l'année 641 de notre ère dans la région du delta du Nil. Entre le IVe et le VIIIe siècles, les hauts lieux de culture furent le delta de l'Indus et le golfe Persique. C'est ici qu'était produit le sucre pour tout le Moyen-Orient. Les Perses, qui avaient été longtemps maîtres en l'art du sucre, disposaient, au Ve siècle, de procédés de fabrication déjà avancés. Ils savaient raffiner le sucre brut par refonte, clarifier les sirops et présenter le sucre solide en pains. Deux siècles plus tard, ils subirent l'invasion des Arabes qui propagèrent la culture de la canne dans leurs territoires conquis du bassin méditerranéen. Les Arabes apprirent des Perses l'art de fabriquer du sucre solide.

C'est durant les Croisades que le sucre s'est répandu en Europe. À partir du XIe siècle, les croisés rapportèrent la canne à sucre en Sicile, dans le sud de l'Italie et même dans le midi de la France. L'industrie du sucre de canne devint donc importante dans le sud de l'Espagne où, vers 1150 de notre ère, près de 30 000 hectares étaient consacrés à la culture de la canne à sucre.

Au XIVe siècle, Venise devint la capitale sucrière de l'Europe. En effet, le commerce et la livraison de sucre entre le Moyen-Orient et l'Europe étaient presque exclusivement dans les mains des marchands vénitiens. Il semblerait qu'en plus de faire le commerce du sucre brut, les Vénitiens inventèrent une façon primitive de raffinage du sucre, ce qui leur permit de commercialiser des pains de sucre. Les premières raffineries du continent européen virent le jour à cette époque.

Jusqu'au XVIe siècle, le miel était la principale source de sucre en Europe. Le peu de sucre de canne qui était importé et commercialisé, vu son prix élevé, était réservé à la noblesse. Ce sucre était considéré comme une denrée de luxe ou un médicament. Toutefois, au XVe siècle, désireux de se libérer des producteurs méditerranéens, l'Espagne et le Portugal importèrent la canne à sucre dans leurs possessions d'Afrique. Ainsi, vers 1420, la canne est introduite dans l'île de Madère, et 40 ans plus tard aux îles Canaries et aux Açores. Lisbonne prit alors le pas sur Venise en matière de raffinage. En 1508, le port d'Anvers recevait la première cargaison de sucre en provenance des Canaries. Pour faire face à l'extension des plantations de canne à sucre, les colonies eurent besoin d'une main-d'œuvre abondante et peu coûteuse. Le travail des esclaves dans les colonies permettait donc de produire du sucre à un coût plus faible que celui provenant des pays méditerranéens.

Ce n'est qu'après la découverte de l'Amérique que la culture de la canne à sucre fut introduite dans de nouvelles régions possédant le climat favorable à sa production. Des plantes provenant de l'Espagne furent cultivées pour la première fois en République dominicaine et à Haïti par Christophe Colomb en 1493, mais la plantation fut détruite. Une seconde tentative en 1509 permit une première récolte et une expansion de sa culture. Grâce aux navigateurs espagnols et portugais, la culture de la canne se répand dans les îles tropicales : Porto Rico, Cuba et la Jamaïque. Les conditions climatiques de cette région étaient favorables à la culture de la canne à sucre. Celle-ci prit beaucoup d'envergure au cours des deux siècles suivants, justifiant ainsi la pratique de l'esclavage en Amérique.

En 1520, la canne se cultivait au Mexique, et le premier moulin de sucre en Amérique du Nord vit le jour en 1535. La culture de la canne à sucre s'est vite répandue au Pérou, au Brésil, en Colombie et au Venezuela. En 1548, Porto Rico eut son premier moulin. En 1590, plus de cent moulins à sucre s'érigèrent au Brésil.

En 1670, les Jésuites introduisirent la culture de canne à sucre en Argentine et l'apportèrent en Louisiane, en Floride et au Texas. L'industrie sucrière actuelle du Texas date de 1970 quand un groupe de cent fermiers forma une coopérative sucrière.

De l'autre côté de la planète, la production du sucre commença en 1747 à l'Île Maurice, dans l'océan Indien, et en 1824, la culture de la canne à sucre fut introduite en Australie. Au Canada, il n'existe que deux compagnies qui contrôlent l'ensemble de la production du sucre : la B.C. Sugar et la Redpath Sugar. Sucres Lantic de Montréal appartient à la B.C. Sugar, bien qu'elle soit gérée comme une entreprise indépendante. Quatre raffineries produisent du sucre de canne à Saint-Jean (Nouveau-Brunswick), à Montréal, à Toronto et à Vancouver. Plus de 90 % du sucre raffiné au Canada provient du sucre de canne brut importé des régions tropicales. Entre 70 % et 80 % de la production des raffineries de sucre est destiné aux fabricants et le reste est distribué au commerce de détail[2].

De nos jours, plus de cent pays cultivent la canne à sucre sur 130 000 km^2. Les vingt premiers ont récolté 1 199 millions de tonnes en 2004, soit 91 % de la production totale mondiale (1 317millions de tonnes). Les

[2] Institut Canadien du Sucre. http ://www.sugar.ca ; Agriculture et Agroalimentaire Canada, http ://www.agr.gc.ca/misb/spec/index_f.php ?s1=bet&page=intro

plus gros producteurs sont le Brésil, l'Inde et la Chine, contribuant respectivement pour 31 %, 19 % et 7 % de la production totale mondiale[3]. À l'heure actuelle, la canne à sucre fournit environ 74 % de la production mondiale de sucre[4].

Figure 32 : Culture de la canne à sucre.

Figure 33 : Tiges de la canne à sucre.

[3]Organisation des Nations Unies pour l'Alimentation et l'Agriculture – FAO. http ://www.fao.org/es/ess/top/commodity.jsp ?lang=FR

[4]Conférence des Nations Unies Sur le Commerce et le Développement – CNUCED. http ://r0.unctad.org/infocomm/francais/sucre

Le sucre

Le terme canne à sucre sert à désigner un ensemble d'espèces de plantes de la famille des Poaceés et du genre Saccharum. Elles sont cultivées pour leurs tiges, dont on extrait du sucre. Avec un volume annuel de production supérieur à 1, 3 milliard de tonnes, ce sont les premières plantes cultivées au plan mondial avec près de 23% de la masse totale produite en agriculture dans le monde. Elles furent jusqu'au début du XIXe siècle l'unique source importante de sucre et représentent toujours aujourd'hui 65 à 70% de la production de sucre.

La canne à sucre (« Saccharum officinarum ») est une plante de la famille des Poacées (graminées). Toutes les espèces du genre « Saccharum » sont des graminées vivaces de grande longévité dont l'aspect rappelle celui du roseau (Figure 1). Il existe plusieurs variétés qui possèdent des caractéristiques diverses s'adaptant ainsi aux différentes régions de culture : robustesse, résistance aux maladies, teneur en sucre plus ou moins élevée, etc. La plante possède des racines denses qui peuvent s'enfoncer profondément dans le sol, mais la plupart d'entre elles s'étalent à environ 50 cm de la surface dans un périmètre pouvant atteindre fréquemment 2 à 5 m autour de la souche. Elles sont pourvues de nombreux poils absorbants qui aspirent l'eau et les sels minéraux du sol. D'autres racines plus profondes assurent le maintien et la stabilité de la plante.

Les tiges peuvent atteindre entre 2,5 et 4 m de hauteur et 1,5 à 6 cm de diamètre, selon les variétés utilisées. Leur écorce épaisse et lisse va du jaune au violet selon les variétés. Les tiges sont structurées en tronçons de 10 à 20 cm (les entre-nœuds), séparés par des nœuds où les feuilles prennent naissance (Figure 2). Les feuilles sont réparties en deux files opposées et ont un limbe de 1 m de longueur sur 2 à 10 cm de largeur. Elles sont au nombre de 10 sur les plantes en pleine croissance. En période de floraison, la tige se termine par une panicule, inflorescence argentée qui portera les graines. Cette panicule, fragile et soyeuse, mesure de 50 cm à 1 m de longueur. L'apparition de la floraison marque la fin de la croissance de la plante et le début d'une augmentation sensible de formation de saccharose qui se déclenche sous l'action de la sécheresse et de la fraîcheur nocturne. Cependant, la floraison des plantes cultivées n'est pas désirable du fait qu'elle soutire une partie de l'énergie nécessaire à la croissance végétative de la plante et à la production du saccharose.

Pendant la période qui précède la récolte, la plante fabrique peu à peu son sucre (saccharose) dans les feuilles grâce à l'action conjuguée du soleil, de l'eau et de l'air (photosynthèse). Le saccharose s'accumule dans la tige comme réserve énergétique, mais sa répartition n'est pas égale et le sommet de la plante est d'une moindre teneur en sucre.

Les principaux constituants de la canne à sucre sont le sucre et les fibres. Au tableau 1, la composition moyenne de la canne à sucre est présentée. Selon l'état de maturité de la plante, la teneur en fibre peut varier de 10 % à 18 %, la quantité d'eau de 72 % à 77 % et le saccharose de 12 % à 16 %.

Après extraction, une tonne de cannes produit environ 250 à 300 kg de débris, soit entre 25 et 30 % de la matière première.

Tableau 1 : Composition moyenne de la canne à sucre.

COMPOSANT	**Teneur (%)[5].**	**Teneur % (SOSUCAM)**
Eau	70	69-70
Fibres ligneuses	14	15-17
Saccharose	14	12-14
Impuretés	2	1-3
Total	100	

La culture de la canne à sucre s'étend dans les régions situées de part et d'autre de l'Équateur, entre les latitudes 35° nord et 30° sud (régions tropicales et subtropicales). Ainsi, on la trouve en Floride, au Texas, en Louisiane, aux Antilles, à Hawaï, en Amérique centrale et en Amérique du Sud jusqu'au nord de l'Argentine, en Indonésie, en Thaïlande, aux Philippines, en Chine, en Inde, dans les îles de l'océan Indien, au sud de l'Espagne, en Australie et, plus récemment, en Afrique. Sa croissance végétative est favorisée par des températures élevées, entre 26 °C et 34 °C. Par contre, elle ne croît plus à des températures inférieures à 20 °C et elle ne tolère pas le gel.

La plante se reproduit par bouturage, à partir d'un morceau de tige comportant au moins un nœud (voir Figure 2). La plantation se fait au début de la saison des pluies. Selon les pays, elle est manuelle ou

[5]Dossiers thématiques – La canne à sucre. http ://perso.wanadoo.fr/lameca/dossiers/

mécanisée. La canne à sucre demande un sol aéré, assez riche et bien irrigué. La chaleur, la luminosité et l'ensoleillement sont également les facteurs clés pour une bonne récolte.

Depuis 1920, les croisements effectués lors de programmes d'amélioration génétique visent à augmenter le rendement en saccharose par unité de surface, et surtout, à produire des variétés résistantes aux nombreuses maladies fongiques, bactériennes et virales qui affectent la productivité des espèces de « Saccharum ». Au cours des dernières décennies, ces programmes se sont aussi orientés vers l'obtention de variétés commerciales qui synthétisent des taux plus bas d'invertases endogènes. Ces travaux visent à réduire les pertes en saccharose qui se produisent pendant la période d'exposition des cannes coupées qui précède le broyage dans les moulins.

Les variétés de sucres

Afin de tirer le meilleur parti de toutes ces qualités, le sucre est retrouvé en une large variété de formes et de couleurs. Des présentations les plus classiques aux spécialités modernes, l'univers du sucre de canne se compose de huit variétés aux saveurs, aux arômes et aux usages spécifiques :

• le sucre blanc cristallisé est le plus pur, puisqu'il est constitué à 99,9 % de saccharose. Il est recueilli dans les turbines après concentration sous vide et cristallisation des sirops, au stade final de l'extraction en sucrerie. Il se présente sous la forme de cristaux plus ou moins gros ;

• le sucre en poudre, ou semoule, est obtenu après broyage et tamisage du sucre cristallisé blanc. Il se présente en cristaux d'environ 0,4 mm ;

• le sucre glace est une poudre blanche impalpable obtenue par le broyage extrêmement fin du sucre cristallisé blanc. De l'amidon est ajouté afin d'éviter son agglomération. Ses grains sont tellement fins que c'est le sucre qui se dissout le plus rapidement. Il se présente sous forme de cristaux inférieurs à 0,15 mm ;

• le sucre en morceaux est formé par compression et moulage de cristaux de sucre blanc ou brun encore chauds et humides. Le sucre en morceaux se présente sous la forme de dominos de taille variable, les calibres les plus fréquents sont le No. 3 (7 g) et le No. 4 (4,5 g) ;

• le sucre en cube, blanc ou brun, est issu du concassage de lingots de sucre de canne, eux-mêmes obtenus par réhumidification, moulage et séchage des cristaux de sucre ;

• le sucre pour confitures est une spécialité élaborée pour les confitures, marmelades et gelées de fruits. C'est un sucre cristallisé auquel sont ajoutés des ingrédients qui facilitent la prise des préparations (pectine naturelle de fruits, acide citrique) ;

• la cassonade est un sucre cristallisé brun obtenu directement à l'issue de la première cuisson du jus de canne. Moins pur que le sucre cristallisé blanc, ce sucre brun contient environ 95 % de saccharose ainsi que des impuretés résiduelles (sels minéraux, matières organiques) qui lui donnent sa couleur et ses notes aromatiques ;

• le sucre candi résulte de la cristallisation, pendant 10 à 12 jours, d'un sirop très pur concentré et chaud. Le sirop est ensuite refroidi lentement à température ambiante. C'est la caramélisation qui lui donne sa couleur brune caractéristique.

1.1 La composition du sucre

Plus le sucre est blanc, plus il est pur ; plus il est d'un brun foncé, plus il contient des résidus de la canne. La composition des sucres blanc et brut est présentée dans le tableau ci-dessous.

Tableau 2 : Composition des sucres blanc raffiné et brun par 100 g de sucre[6].

COMPOSANT	SUCRE BLANC	SUCRE BRUN
Calories (kcal)	387	377
Eau (g)	0,02	1,77
Hydrates de carbone (g)	99,98	97,33
Calcium (mg)	1	85
Cuivre (mg)	0	0,298
Fer (mg)	0,01	1,91
Magnésium (mg)	0	29
Manganèse (mg)	0	0,32
Phosphore (mg)	0	22

[6] United States Department of Agriculture – USDAhttp ://www.nal.usda.gov/fnic/foodcomp/search/index.html

Potassium (mg)	2	346
Sélénium (µg)	0,60	1,2
Sodium (mg)	0	39
Zinc (mg)	0	0,18
Vitamine B1 (mg)	0	0,008
Vitamine B2 (mg)	0,019	0,007
Vitamine B3 (mg)	0	0,082
Vitamine B5 (mg)	0	0,111
Vitamine B6 (mg)	0	0,026

1.2 La qualité du sucre

La qualité du sucre blanc dépend, entre autres, de sa teneur en cendres, de son aspect (blancheur) et de sa coloration en solution. Dans la méthode des points utilisée en Europe, un nombre de points est attribué à chacun de ces critères. Ces points sont pondérés de telle manière qu'ils conservent leur importance relative. La qualité du sucre est d'autant meilleure que la somme des points est faible.

Selon le système des points, le classement du sucre blanc génère en deux catégories (voir Tableau 5) :

- catégorie No. 1 : moins de 8 points, le sucre est appelé sucre raffiné ou sucre blanc raffiné ;

- catégorie No. 2 : de 8 à 22 points, le sucre est appelé sucre ou sucre blanc ;

- si le sucre totalise plus de vingt-deux points, il peut être classé comme sucre mi-blanc en fonction de ses autres caractéristiques.

La teneur en cendres est déterminée par conductimétrie sur une solution de sucre à 28°Brix.Un point est attribué pour chaque 3,13 µS/cm (0,018 % de cendres). L'aspect (ou type de couleur ou farbtype) est déterminé par comparaison avec une gamme numérotée de sucre (type de couleur) de l'Institut allemand de Brunswick. Un point est attribué pour chaque 0,5 unité de type de référence (farbtype) correspondant à l'échantillon analysé. La coloration en solution est déterminée par spéctrophotométrie à 420 nm sur une solution de sucre à 50 °Brix préalablement filtrée sur une membrane de 0,45µm. Un point est attribué pour chaque 7,5 unités de la coloration exprimée en unités « ICUMSA ».

D'autres analyses complémentaires sont pratiquées pour pouvoir affiner la perception de la qualité du sucre blanc. Les analyses énumérées ci-dessous sont les plus couramment pratiquées selon le type d'utilisation auquel les sucres sont destinés et selon les conditions imposées par l'acheteur :

- la granulométrie ;
- la turbidité et le floc ;
- le test de moussage ;
- la bactériologie.

Tableau 3 : Caractéristiques du sucre blanc de qualité « type » dans l'Union européenne[7].

CRITÈRES	QUALITÉ TYPE N°1 OU SUCRE BLANC RAFFINÉ	QUALITÉ TYPE N°2 OU SUCRE BLANC	MÉTHODES D'ÉVALUATION
Somme maximale des points	Somme ≤ 8	Somme ≤ 22	
Teneur en cendres	Max = 4 (ou teneur en cendres max = 0,072 %)	Max = 15 (ou teneur en cendres max = 0,27 %)	Méthode « ICUMSA » (conductimétrie)
Type de couleur	Max = 6 (ou couleur = 3 sur l'échelle de Brunswick)	Max = 9 (ou couleur = 4,5 sur l'échelle de Brunswick)	Méthode de Brunswick (comparaison avec des étalons)
Coloration en Solution	Max = 3 (ou 22,5 « ICUMSA »)	Max = 6 (ou 45 « ICUMSA ») Max = 6 (ou 45 « ICUMSA »)	Méthode « ICUMSA » (spéctrophotométrie)

[7] United States Department of Agriculture – USDA, http ://www.nal.usda.gov/fnic/foodcomp/search/index.html

Usine

1. La récolte

Elle est précédée du brûlage (pour débarrasser la canne de son feuillage). Cette méthode dite « australienne » est suivie de la coupe (pour ôter la cime pauvre en saccharose et pour séparer le tronc de la souche). Les cannes glanées sont entassées. Des « Cane loader », de marque sud-africaine sont utilisés pour mettre les cannes dans des remorques tirées par des camions « Cameco », de marque américaine, « Renault », de marque française et « Bell » de marque sud-africaine qui les acheminent à l'usine.

Depuis un an déjà, la récolte s'effectue également mécaniquement par des « coupeuses de cannes » et dans ce cas, la canne à sucre n'est pas brûlée. Cette méthode présente l'avantage d'être plus rapide, mais également des inconvénients, car la canne est plus exposée aux dégradations microbiennes et la quantité de « non canne » est parfois importante.

Figure 34 : Transport de la canne à sucre.

2. La réception

Les cannes acheminées à l'usine sont pesées au moyen d'un pont-bascule. Elles sont ensuite déversées sur un transporteur à cannes ou dans la cour à canne en cas d'arrêt du broyage ou d'un abondant approvisionnement en cannes.

Figure 35 : Portique de déchargement de la canne à sucre.

1. Le prélavage-lavage

Les eaux propres provenant de l'usine sont utilisées comme eau de lavage des cannes. Elles sont recueillies, recyclées après décantation, et utilisées comme eau de prélavage. Les cannes sont convoyées par des transporteurs et les opérations de lavage s'effectuent lors de leur passage sous des filets d'eau. Au cours de leur convoyage vers les moulins, le lit de cannes subit un nivelage réalisé par le niveleur de la table à cannes, un ébauchage réalisé par le coupe-canne ébaucheur. Les cannes ébauchées passent sous un coupe-canne finisseur qui les tranche en petits morceaux. Ces opérations ont pour objectif d'augmenter la masse volumique de la canne à broyer.

Figure 36 : Niveleur sur la table à cannes.

2. Extraction du jus

Elle s'effectue par pression au travers d'une batterie de cinq (05) moulins. Chacun des moulins est principalement constitué de trois (03) cylindres dentés. Un quatrième cylindre, le bourreur, plus petit que les trois autres, assure la parfaite alimentation des moulins. Le cylindre supérieur s'applique sur les cylindres inférieurs et assure leur rotation. La force de pression nécessaire à l'extraction du jus est apportée par des vérins hydrauliques. La bagasse qui sort du premier moulin entre dans le second moulin après imbibition au jus du troisième moulin. Le jus du quatrième moulin sert d'imbibition à la bagasse qui entre au troisième moulin. Le jus du cinquième moulin sert d'imbibition au quatrième moulin.

Figure 37 : Système d'entraînement du moulin (turbine à vapeur et réducteur).

La bagasse qui laisse le quatrième moulin pour le cinquième est imbibée par l'eau de fabrication. Les jus du premier et du second moulins sont mélangés, passés dans un tamis rotatif et ensuite au travers d'un tamis statique type « DSM ». La bagasse retenue est envoyée dans le premier moulin, tandis que le jus est envoyé dans le dessableur. Ce dernier a pour objectif de débarrasser, comme son nom l'indique, le jus des grains de sable et autres particules de forte densité. La bagasse issue des moulins est envoyée vers les chaudières et la cour à bagasse. Dans ce voyage, la fine bagasse passe au travers d'un tamis à folle bagasse et est convoyée via l'air fourni par un ventilateur vers l'atelier de filtration des boues.

Figure 38 : Transporteur intermédiaire des moulins.

3. Epuration (sucrerie)

Le jus qui arrive à la pesée est trouble, jaunâtre ou verdâtre. Sa composition est variable. On y rencontre des matières solubles : sels minéraux, pigments, acides organiques, hydrate de carbone, composés azotés organiques, acides organiques, sels inorganiques, cires, graisse et savons...et le saccharose à extraire *(Arzate, 2005)* ; des matières insolubles et colloïdales : sables, particules de terres, micro-organismes, débris d'insectes, pectines, dextranes, fibres de cellulose... Ce jus doit être transformé en jus clair. Il y a donc nécessité d'éliminer le maximum d'impuretés dans un délai de temps très court de manière à minimiser les pertes en saccharose [par inversion et par action microbiologique] : c'est l'épuration.

Le jus est chauffé dans des « barriquands » (échangeurs à plaques jusqu'à 70-85 °C) et des réchauffeurs (échangeurs tubulaires). Le jus doit à sa sortie du réchauffage avoir une température de 103±2 °C et un pH de 7,5±0,2. Du saccharate de chaux lui est ensuite ajouté. L'homogénéité est assurée par un mélangeur statique. Le mélange entre ensuite dans le flash-tank pour y être dégazé. Cette opération a pour objectif de faciliter la décantation en limitant la remontée des particules qui s'associeraient aux bulles de gaz (effet ballast). Le saccharate de chaux transforme les acides en sels insolubles, coagule les matières albuminoïdes, neutralise l'acidité du jus et limite l'inversion à température élevée. Il se forme un précipité qui, en se déposant, entraîne les impuretés.

Le jus mélangé dégazé est envoyé dans un décanteur rapide de type « SRT ». À l'entrée de celui-ci, un adjuvant de décantation ou floculant lui est ajouté. Les particules solides décantent et forment ce que l'on appelle les boues de décantation.

Le surnageant, le jus clair, est destiné à l'évaporation après un ultime tamisage tandis que les boues de décantation sont pompées vers l'atelier de filtration des boues. Le filtrat obtenu est envoyé dans le bac à jus pesé et les écumes sont pesées et utilisées comme amendement.

4. Filtration des boues

Elle a pour objectif de récupérer le maximum de sucres entraînés dans les boues de décantation. Elle s'effectue de manière continue à l'aide des filtres rotatifs. Pour ce faire, un adjuvant de filtration (la fine bagasse ou folle bagasse ou bagacillo) et le lait de chaux lui sont ajoutés à l'entrée d'un mélangeur horizontal qui assure l'homogénéité du mélange. L'ajout de lait de chaux sert à rehausser le pH pour une valeur maximale de 8, afin de limiter l'inversion à chaud et la rapide dégradation du mélange *(Hugot, 1987)*.

Le mélange homogène arrive au filtre où il est désucré par succion, et le gâteau formé est lavé par pulvérisation d'eau de fabrication chaude. Les filtrats clair et trouble résultants sont renvoyés dans le bac à jus pesé, tandis que les écumes sont envoyées dans les champs.

Figure 39 : Filtre à boues à l'épuration de la sucrerie de canne.

5. Evaporation

Ici, il est question d'évaporer le maximum d'eau possible présent dans le jus clair afin d'obtenir un sirop. Pour cela, le jus clair est réchauffé puis porté à ébullition sous vide. On utilise un quintuple effet composé de cinq (05) corps. Les condensats du 1er effet sont utilisés comme eau alimentaire des chaudières tandis que ceux du 2e effet sont utilisés comme eau de désucrage en atelier de filtration des boues. Au terme de cette évaporation, on obtient une solution concentrée, le sirop vierge, d'un brix compris entre 65-70.

Figure 40 : Corps d'évaporation de l'usine de Mbandjock.

6. Cristallisation (sucrerie)

À partir du sirop vierge, le sucre est extrait sous forme pure par cristallisation. Le sirop vierge est davantage concentré. On atteint la saturation. En poussant plus loin l'évaporation, on atteint la sursaturation. À la sursaturation, des cristaux de sucre se forment spontanément ; ils sont de taille et de forme irrégulières. Pour y pallier, on procède au grainage ou ensemencement à la saturation. La semence ou amorce est une suspension de saccharose finement broyé en présence d'éthanol dénaturé.

Les cristaux fins grossissent progressivement en se nourrissant de saccharose. L'opération est conduite dans des appareils appelés cuite et le produit de la cuisson est appelé masse cuite. Elle s'effectue de la manière suivante : on introduit une quantité suffisante de liqueur standard (sirop vierge + égout raffiné 3) que l'on concentre jusqu'à sursaturation modérée. On ajoute l'amorce de cristallisation (semence : sucre finement broyé, seulement en début de campagne, ou du magma) ; les cristaux grossissent et absorbent le sucre en excès. La taille des cristaux est contrôlée par ajout d'eau ou de liqueur standard ; on nourrit les cristaux en continuant à alimenter la cuite avec de la liqueur standard. La concentration en cristaux augmente, cependant, la sursaturation est maintenue : on obtient une masse cuite « A ». Peu à peu, l'appareil se remplit. Quand il est plein, on termine la cuite en en poussant un peu plus loin la concentration par évaporation, de manière à augmenter le rendement en cristaux (serrage). La masse cuite est coulée (vidée) dans le malaxeur « A ». Dans les malaxeurs, la masse est agitée. Elle se concentre au fur et à mesure que sa température diminue. Cependant, les cristaux continuent de se nourrir et de grossir. La masse, désormais très riche en cristaux, passe dans la nochère de distribution et est turbinée dans des essoreuses centrifugeuses. À l'issue de cette opération, on obtient :

L'égout A, qui est l'eau mère A, permet le montage des masses cuites B ;

Le sucre « A » est refondu à l'aide de l'eau chaude. On obtient la refonte brute « A » qui est envoyée à la raffinerie pour la suite du procédé.

Figure 41 : Malaxeur vertical pour refroidissement masse cuite 3e jet.

Par le même processus à partir de l'eau mère « A », on obtient la masse cuite « B », et après turbinage, le sucre « B » et l'égout B. L'égout est renvoyé dans les cuites pour monter la masse cuite « C ». Les cuites C quant à elles donnent la masse cuite C qui, après une série de malaxages et un premier turbinage, donne le sucre « C1 » et la mélasse. Ce sucre peut être empatté puis à nouveau turbiné. On obtient d'une part l'égout d'affinage « C » utilisé dans les cuites « C » et d'autre part, le sucre « C2 » qui, une fois empatté à l'aide de l'eau chaude, donne le magma C2. Cette opération appelée affinage tend à disparaître dans nos usines. Ce magma est envoyé dans le malaxeur à magma C et est utilisé dans le grainage des cuites B. La préparation d'une cuite fait intervenir l'égout des cuites précédentes. À partir du sirop vierge, on obtient un sucre blond. Ce dernier doit être raffiné pour donner du sucre blanc.

Figure 42 : Condenseur pour le vide de la cristallisation.

Figure 43 : Observation des cristaux de sucre sur la glace à côté des appareils à cuire.

Raffinerie

7. Epuration (raffinerie)

Le sucre brut (sucre blond) est refondu en présence d'eau sucrée (eaux sucrées de poussières de sucre du séchage) et/ou d'eau chaude. À cette étape, le sucre non conforme est aussi refondu. La refonte est ensuite phosphatée avec de l'acide phosphorique. Un traitement au saccharate de chaux est effectué. La refonte ainsi traitée passe par un bac à niveau constant (dégazage), et est réchauffée au travers d'un échangeur tubulaire.

La refonte chaude est envoyée dans un clarificateur. De l'air et un floculant lui sont ajoutés ; les particules qui flottent sont raclées et envoyées au bac à boues sucrées. La refonte clarifiée est ensuite traitée avec du charbon actif (pour l'adsorption de diverses substances parmi lesquelles les colorants et les composés odorants). Des filtres spéciaux de type « Hercule », garnis de cellulose et de perlite (dicalite), servent à la filtration du sirop noir (liqueur noire). On obtient en fin de filtration un sirop clair. Ce dernier continue son parcours dans la section cristallisation raffinerie, tandis que le retentât de filtration, les boues sucrées sont envoyés à l'atelier de filtration des boues de raffinerie ou renvoyés en sucrerie.

8. Cristallisation (raffinerie)

Elle s'effectue comme en cristallisation sucrerie, à la seule différence qu'ici, le grainage est exclusivement réalisé à l'aide d'amorce.

Le sirop clair (sirop filtré), après cuisson, donne une masse cuite « R1 ». Le sucre obtenu après turbinage à sa sortie est humide et envoyé dans les sécheurs. Ce sucre est qualifié de sucre raffiné de 1er jet. L'eau mère expulsée de l'essoreuse est collectée car elle contient encore du sucre. Cette eau est qualifiée d'égout raffiné 1 ; elle permet le montage de la cuite raffinée 2. Ce montage donne une masse cuite raffinée et après malaxage et turbinage, on obtient un sucre qualifié de raffiné de 2e jet. L'eau mère obtenue est l'égout raffiné 2 qui permet le montage d'une cuite raffinée 3. Pareillement, de cette cuite, on obtient un sucre qualifié de raffiné de 3e jet, et l'eau mère de ce dernier turbinage est l'égout raffiné 3 qui est envoyé dans le bac à liqueur standard.

Figure 44 : Centrifugeuse continue de l'usine de Mbandjock.

9. Turbinage

Le turbinage est effectué à l'aide d'appareils appelés essoreuses centrifuges. Ce sont des appareils tournant à grande vitesse et munis d'une toile qui laisse passer l'eau mère (qui constitue dès lors l'égout) et retient les cristaux de sucre. En sucrerie, le turbinage est conduit en continu, tandis qu'il est effectué de manière discontinue en raffinerie (cas de l'usine de Nkoteng).

Figure 45 : Centrifuges discontinues.

10. Séchage-ensachage

Le sucre produit étant humide, il doit être séché avant ensachage. Il quitte les essoreuses et à l'aide d'un transporteur à secousse ou à vis sans fin, rejoint des bandes transporteuses qui le mène aux sécheurs. Il est séché à l'aide d'air chauffé dans des échangeurs fonctionnant à la vapeur, aux environs de 85 °C ; le sucre sec est ensuite refroidi et stocké dans des trémies en attente d'être ensaché. Il est conditionné dans des sacs en gamme de 5, 25 et 50 kg.

Figure 46 : Ensachage du sucre de canne

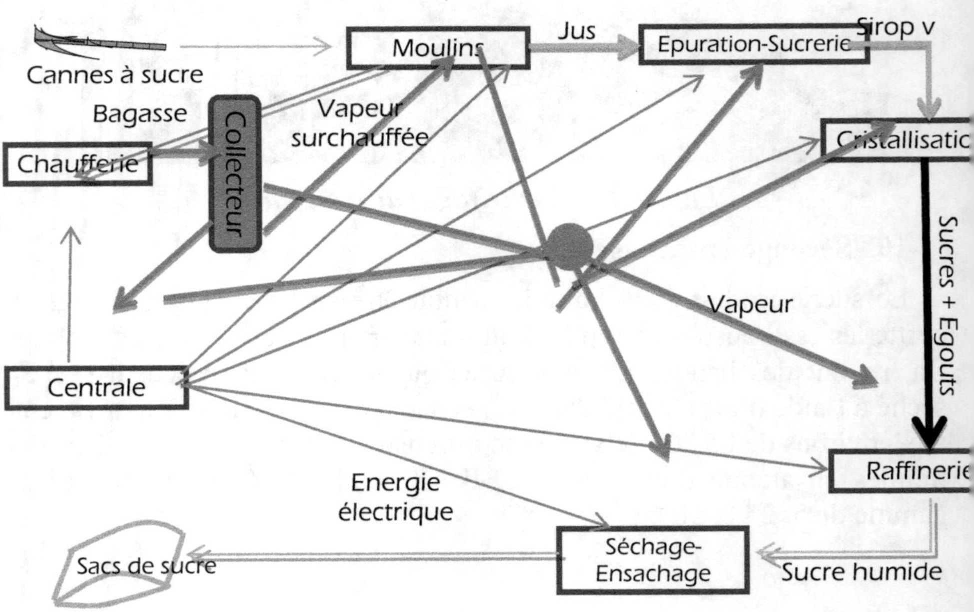

Figure 47 : Schéma général du procédé de fabrication du sucre à partir de la canne.

Figure 48 : Conditionnement en paquet d'un kilogramme.

Figure 49 : Poste d'ensachage, couture et marquage de traçabilité des sacs de sucre.

Figure 50 : Salle de maturation du sucre en morceaux.

Conclusion partielle

Le procédé d'extraction du sucre de canne présente deux étapes principales : la sucrerie et la raffinerie. La sucrerie est composée de la préparation, du broyage de la canne, l'extraction du jus, l'épuration, l'évaporation, la cristallisation, le turbinage et le séchage. La raffinerie est composée de la refonte, de la décoloration, de la cristallisation, du séchage et du façonnage. Les étapes capitales pour la réussite sont l'épuration, l'évaporation et la cristallisation.

TROISIÈME PARTIE

INDUSTRIES CONNEXES À LA SUCRERIE DE CANNE

CHAPITRE 1

LES PRODUITS DE LA CANNE

1.1 Le sucre

Le saccharose extrait de la canne peut aussi servir à d'autres fins que la consommation. Par différents procédés chimiques, on peut transformer le sucre en de nombreuses substances chimiques (éthers et esters) aux applications très intéressantes. Des plastifiants, des adhésifs, des vernis, des cosmétiques, des détergents et même des explosifs sont quelques exemples de produits dérivés du sucre.

Figure 51 : Morceaux de sucre.

1.2 La bagasse

La bagasse, formée de fibres végétales broyées, peut représenter jusqu'à 30 % de la matière issue de la canne. Elle renferme en moyenne 45 % d'eau, 48,5 % de fibres et 2,5 % de matière dissoute (principalement du sucre). La bagasse servait traditionnellement de source de combustible pour la sucrerie, ainsi que de fourrage pour les animaux et d'engrais. Plusieurs nouvelles applications ont été développées pour la bagasse, par exemple la fabrication de papier, carton et panneaux agglomérés ; la fabrication du furfural et l'utilisation comme source d'énergie pour des centrales charbon-bagasse.

1.3 La mélasse

La mélasse, qui contient 35 % de saccharose et bien d'autres substances (voir Tableau 4), peut aussi connaître une seconde vie. On produit 30 kg de mélasse par tonne de canne, soit 3 % de la matière première. Une bonne partie de la mélasse produite par les sucreries est utilisée pour la production du rhum industriel. Une autre fraction est utilisée dans l'alimentation des animaux et une petite partie se retrouve sur les tablettes des supermarchés pour la consommation humaine. La mélasse peut aussi être utilisée pour la culture des levures ainsi que pour la production de divers produits tels que l'acide acétique (vinaigre), l'acide citrique, le glycérol, l'acide aconitique, le glutamate, la dextrane, l'acide itaconique, la lysine et l'éthanol.

Tableau 4 : Composition moyenne de la mélasse par 100 g de mélasse[8].

COMPOSANT	SUCRE BLANC
Calories (kcal)	290
Eau (g)	21,87
Hydrates de carbone (g)	74,73
Calcium (mg)	205
Cuivre (mg)	0,487
Fer (mg)	4,72
Magnésium (mg)	242
Manganèse (mg)	1,530
Phosphore (mg)	31
Potassium (mg)	1464
Sélénium (µg)	17,8
Sodium (mg)	37
Zinc (mg)	0,29
Vitamine B1 (mg)	0,041
Vitamine B2 (mg)	0,002
Vitamine B3 (mg)	0,930
Vitamine B5 (mg)	0,804
Vitamine B6 (mg)	0,670

[8] United States Department of Agriculture – USDAhttp ://www.nal.usda.gov/fnic/foodcomp/search/index.html

Figure 52 : Bac de réception égout C (Mélasse) en sucrerie de canne.

1.4 Les boues

Les boues d'épuration renferment une grande quantité de substances organiques, dont des cires et des graisses qui pourraient être valorisées. Dans certains pays, elles sont utilisées pour fertiliser les sols cultivables.

Qualité des produits et leurs analyses sous-produits

1.4.1 Bagasse

La bagasse est composée des résidus fibreux issus du broyage (écrasement) de la canne à sucre coupée pour l'extraction du jus de canne. La bagasse représente environ 30% du poids de canne coupée amenée en usine. Son taux d'humidité se situe entre 40 et 50%, et elle contient encore une petite quantité de sucre résiduel. La bagasse séchée est composée pour moitié de cellulose, l'autre moitié étant principalement de l'hémicellulose et de la lignine.

La production mondiale de bagasse se situe entre 250 et 350 millions de tonnes par an. Environ 60 % de cette production est utilisée comme combustible dans les sucreries[31], pour chauffer les fours et pour la production d'électricité (production de vapeur par combustion dans une chaudière reliée à un turbo-alternateur), servant à l'alimentation énergétique de l'unité de transformation, qui fonctionne pratiquement en autosuffisance énergétique. En dehors des sucreries, la bagasse peut être aussi brûlée dans des centrales à bagasse pour la production de chaleur et d'électricité[32,33]. L'excédent de bagasse non utilisée comme combustible peut servir à la fabrication de papier, des panneaux de particules, de la litière pour les animaux, servir de nourriture pour le bétail, être valorisé comme base de compost, etc.

Comme combustible, la bagasse est généralement entreposée pour être séchée, la décomposition du sucre résiduel entraînant une réaction exothermique qui aide à son séchage. Pour la production de papier, la bagasse est conservée humide, afin de faciliter les opérations suivantes : les résidus de sucre et la moelle de surface qui enrobe la tige de canne doivent en effet être retirés avant la transformation en papier.

Comme aliment pour le bétail, la bagasse est souvent trempée de mélasse, un autre sous-produit de la fabrication du sucre. Elle est généralement réservée au bétail adulte, alors que sa digestion par de jeunes veaux peut être énergétiquement peu rentable[31]. Divers traitements ont été tentés pour améliorer la digestibilité de la bagasse par le bétail, par exemple en la broyant ou en la trempant dans un bain de soude à 2% afin de dissoudre la lignine et rendre la cellulose plus accessible aux enzymes digestifs.

1.4.2 Jus de canne

Le jus de canne est extrait par passage des tiges de canne à sucre dans une presse. Ce jus appelé vesou contient 70 % d'eau, 14 % de saccharose, 14 % de matière ligneuse et 2 % d'impuretés. Il est consommé comme boisson dans de nombreux pays, souvent accompagné d'un peu de jus de citron et de glace pilée (*guarapa*). De petites presses à main mécaniques existent pour cet usage et servent dans le cadre familial, dans la restauration ou par les vendeurs de la rue.

En sucrerie, le jus de canne fait l'objet d'une évaporation conduisant au sirop, lequel est clarifié puis concentré pour en extraire le sucre cristallisé brut, la cassonade. La cassonade donne le sucre roux, qui peut être commercialisé directement ou transformé en sucre blanc dans une raffinerie. Le vesou peut également faire l'objet d'une fermentation et d'une distillation, pour obtenir le rhum agricole. C'est le cas notamment dans les départements d'outre-mer français (Martinique, Guadeloupe, Guyane et un peu La Réunion).

Dans de nombreux pays d'Amérique du Sud ou d'Asie, le jus de certaines variétés de cannes à sucre est également porté à haute température pour produire un aliment très commun, désigné par de nombreuses appellations différentes, dont l'une des plus courantes est *panela*, ou *jaggery* dans le sous-continent indien. Le même type de procédé est utilisé pour produire le sirop de canne, mais la cuisson est plus courte : il s'agit essentiellement de jus de canne dont une partie de l'eau a été évaporée.

1.4.3 Mélasse

Mélasse noire et très visqueuse issue de l'extraction maximale du sucre cristallisé présent dans le jus de canne.

La mélasse est le résidu liquide après extraction du sucre du jus de canne. La mélasse est encore très sucrée, noirâtre et visqueuse. Elle contient encore une faible quantité de sucre, de la vitamine B6 et des sels minéraux (calcium, magnésium, potassium et fer). Elle peut faire l'objet d'une fermentation et d'une distillation, pour produire le rhum industriel (autrefois dénommé le tafia aux Antilles), également appelé de nos jours rhum de mélasse ou rhum traditionnel de sucrerie (RTS) dans les départements d'outre-mer (Dom). En 1996, le rhum agricole de la Martinique a accédé au statut d'Appellation d'origine contrôlée (AOC), obtenue par les acteurs de la filière après plus de vingt ans de démarches[34].

La mélasse peut également être fermentée et distillée pour la production d'alcool pur ou d'éthanol, à des fins pharmaceutiques ou, de plus en plus, de biocarburant, carburant aux véhicules (de façon de plus en plus importante notamment au Brésil). Cette fermentation peut aussi permettre la production d'acétone, de glycérol et d'acide citrique[35].

La mélasse est aussi utilisée pour l'alimentation humaine ou pour l'alimentation du bétail (souvent en mélange avec la bagasse). Elle est aussi utilisée comme aliment de base pour la culture de levure de boulanger[35].

La mélasse peut également servir d'engrais, notamment comme amendement dans les champs de canne à sucre.

Autre usage

Canne de bouche

Les tiges de canne à sucre servent aussi directement à l'alimentation humaine, comme friandise. La moelle externe très dure est retirée, et le tronçon de canne est coupé en quatre dans le sens vertical pour être mastiqué.

CHAPITRE 2

ÉCONOMIE D`ÉNERGIES ET LA CO-GÉNÉRATION

2.1 Introduction

La co-génération consiste à récupérer la chaleur dégagée au cours de la production d'électricité. Elle se caractérise par un excellent rendement énergétique. Les plus modernes des centrales à gaz ou à vapeur atteignent un rendement proche de 95 %. La co-génération présente également un intérêt en termes de diversification des sources de production d'énergie et peut permettre dans certaines conditions d'éviter des coûts de développement des réseaux électriques et des pertes de ligne.

Durant les dernières décennies, des centrales thermiques classiques alimentaient des quartiers d'immeubles entiers en chauffage, générant des pertes importantes de chaleur dans les tuyaux de distribution en raison de la longueur du trajet parcouru. Au contraire, la co-génération doit être conçue sur la base d'unités de petite taille, pour alimenter par exemple un grand immeuble d'habitation. On parle alors de chaleur de proximité. Les développements possibles sont également nombreux en industrie, par exemple pour les entreprises ayant des besoins de vapeur importants (industries chimique, papetière, sucrière, automobile...). Pour ces entreprises, la co-génération peut réduire leur facture énergétique et leurs émissions polluantes, diminuer la sensibilité aux évolutions du coût énergétique et assurer le secours électrique en cas de panne sur le réseau public. D'autres secteurs économiques pourraient y trouver avantage comme par exemple les hôpitaux, aéroports, écoles, piscines...

La co-génération est en réalité une technologie relativement ancienne : les industries sucrières commencèrent à utiliser des chaudières à génération combinée dès 1920 (http ://www.enercogen.be/cogeneration/). Technologie peu répandue, il fallut attendre la crise pétrolière de 1970 pour que plusieurs entreprises se tournent vers des chaudières à co-génération fonctionnant au gaz pour assurer leurs besoins énergétiques. Ensuite, ce fut au tour des gros bâtiments (hôpitaux, bureaux, immeubles …) d'installer ce type de chaudière et ce seulement aux alentours des années 2000.

Jusqu'alors réservés pour les entreprises ou gros consommateurs, les premiers essais sur des chaudières à micro-co-génération destinées au secteur résidentiel familial commencèrent en 2009.

En 2010, Enercogen plaça la première micro-co-génération belge dans la province de Liège. L'entreprise fit de cette chaudière une installation témoin, ouverte au public.

Entre 2010 et 2011, les fabricants prévirent une vente à grande échelle de chaudière à micro-co-génération dans le secteur résidentiel. Fin 2011, Enercogen avait déjà installé plus de 30 chaudières à micro-co-génération en Belgique, et n'en restera pas là …

La co-génération consiste à produire, à partir d'une énergie primaire combustible (ici la biomasse), deux énergies secondaires utilisables : une énergie électrique et une énergie thermique.

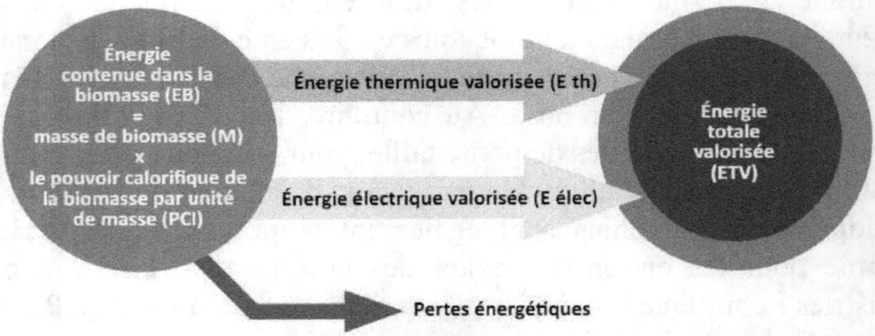

Figure 53 : Principe de la co-génération.

2.2 Classement de la co-génération

- Micro-co-génération domestique : P électrique < 3KW
- Micro-co-génération : P électrique < 50KW
- Mini-co-génération : 50KW < P électrique < 215 KW
- Petite-co-génération : 215KW < P électrique < 1MW
- Moyenne-co-génération : 1MW < P électrique < 12MW
- Grande-co-génération : P électrique > 12MW.

2.3 Co-génération à partir de la biomasse

La co-génération consiste en la production simultanée et l'utilisation d'énergie mécanique ou électrique et de chaleur, à partir d'une seule machine et à partir d'une seule source d'énergie primaire. La co-génération peut se décliner sous forme de production de plus de deux énergies. Exemple : trigénération, quadrigénération, etc.

La co-génération à partir de la biomasse peut faire appel à différentes technologies, dont certaines sont assez méconnues : turbine à vapeur, moteur à vapeur, cycle organique de Rankine, moteur Stirling. L'audit de sept centrales fonctionnant en Allemagne et en Suisse fournit des indications sur leurs caractéristiques techniques et leurs résultats économiques.

2.3.1 État de l'art

La production d'électricité à partir de la biomasse s'est beaucoup développée dans les pays scandinaves et germanophones (Allemagne et Autriche) sous forme de centrales de co-génération délivrant l'énergie thermique à un réseau de chaleur tertiaire et/ou industriel et l'électricité à une compagnie électrique. Elle est au contraire rare en France, où on ne la trouve que sur certains sites industriels gros producteurs de déchets ligneux (papeteries, sucreries,...). Si la cause principale de ce retard est évidemment liée à des conditions d'achat moins favorables de l'électricité, l'ADEME a estimé qu'une raison également importante tenait à une méconnaissance des technologies disponibles. Elle a donc demandé à Biomasse Normandie et à Heat Technics d'effectuer une étude sur le sujet.

Le rapport, remis en juin 2001, dresse un état de l'art des technologies utilisables dans la filière vapeur, la plus éprouvée à ce jour, et dans la gamme de puissance de quelques centaines de KW à 4 MWe, qui semble chez nous la cible la plus probable, compte tenu de la puissance des chaufferies bois déjà installées. Chaque technologie est décrite par ses principes théoriques, ses options disponibles, ses constructeurs et quelques éléments économiques recueillis auprès de ces derniers. L'étude s'achève par sept audits d'installations réelles, fonctionnant en Allemagne et en Suisse. L'énergie primaire privilégiée dans cette étude est le bois, dont la ressource est importante en France. Sachant qu'une co-génération de 10 MW électriques et 30 à 50 MW thermiques consommerait de l'ordre 80 000 à 100 000 tonnes de bois par an, on peut comprendre que le nombre d'installations de cette taille sera très faible et que le créneau de développement se situe en dessous de 4 à 5 MWe en raison même des contraintes liées à l'approvisionnement en bois. Les technologies présentées dans le présent article reposent toutes sur le principe de la combustion externe : un générateur de chaleur fournit de l'énergie thermique à un fluide de travail (eau, fluide thermique ou air) ; celui-ci est injecté dans une machine qui convertit cette énergie thermique en énergie mécanique et permet la mise en rotation d'un arbre entraînant un alternateur pour produire de l'électricité.

2.3.2 La turbine à vapeur et ses variantes

La turbine à vapeur reste la machine la plus utilisée pour la co-génération à biomasse. Une installation de production d'électricité classique comporte, outre l'alternateur, au moins quatre éléments : une chaudière qui fournit de la vapeur à haute pression (quelques dizaines de bars) ; une turbine qui détend la vapeur et dont l'arbre produit le travail moteur ; un condenseur qui permet, grâce à une source froide (l'eau de retour d'un réseau de chauffage urbain, par exemple), de condenser totalement la vapeur ; une pompe qui redonne au fluide la pression qu'il avait à l'amont de la turbine. Le rendement électrique d'une telle installation est le produit de cinq rendements successifs fonction de la qualité de la combustion (rendement chaudière), des niveaux enthalpiques de la vapeur à l'entrée et à la sortie de la turbine (rendement électrique du cycle théorique ou encore rendement thermique théorique), de l'importance de la détente en zone diphasique par rapport à la détente en zone surchauffée (rendement isentropique), de la qualité de la turbine (rendement mécanique) et de la qualité de l'alternateur (rendement alternateur).

2.3.2.1 Turbines à contrepression

Avec une turbine à contrepression, la vapeur reste strictement en phase gazeuse, ce qui signifie que sa pression de sortie est au minimum de quelques bars (3 à 5 bars), mais qu'elle peut être supérieure selon les besoins aval. L'intérêt de ce type de turbine est en effet de délivrer de la vapeur à un niveau enthalpique suffisant pour qu'elle soit utilisable. L'inconvénient réside dans la faiblesse du rendement électrique du cycle théorique, si bien qu'avec une pression de sortie de 3 bars, par exemple, il est difficile d'obtenir un rendement électrique global supérieur à 15-18% selon la pression d'admission. En revanche, le niveau d'investissement est inférieur à celui d'une turbine à condensation. L'utilisation type des chaudières à contrepression est une centrale qui doit de toute façon produire de la chaleur (pour un process industriel ou un réseau de chaleur par exemple) et pour laquelle on peut justifier la production d'électricité, même à faible rendement, par le seul surcoût d'une surchauffe de la vapeur.

2.3.2.2 Turbines à condensation

Dans une turbine à condensation, la pression de sortie de la vapeur peut descendre jusqu'à 40mbars environ, ce qui fait apparaître des condensats dans la turbine, qu'il faut évacuer par des purgeurs. Même si le rendement isentropique est moins bon, le rendement électrique global de la centrale est nettement amélioré par rapport au cas précédent, puisqu'il peut atteindre 25 à 30 %. Le problème, c'est que la température de sortie est basse : 30 °C à 40mbars, 46 °C à 100mbars, 80 °C à 500mbars... Pour pouvoir récupérer l'énergie thermique résiduelle, qui représente environ 60% de l'énergie primaire fournie à la chaudière, il faut donc disposer d'une source froide en quantité suffisante (chauffage basse température, préchauffage d'ECS, préchauffage d'eau pour vapeur de process...) Sinon, le rendement énergétique global de l'installation est très médiocre. L'utilisation type d'une telle turbine simple est une centrale de production d'électricité sans valorisation de chaleur, ou avec une valorisation marginale.

2.3.2.3 Combinaison et soutirage

Deux solutions sont envisageables pour tirer un meilleur parti des turbines. La 1re consiste à combiner les 2 types : une turbine à contrepression suivie d'une turbine à condensation.

Ce montage est particulièrement approprié dans le cas d'un process industriel à fonctionnement intermittent. A la sortie de la turbine à contrepression, la vapeur peut être envoyée, selon les besoins, vers un condenseur pour assurer des besoins de chauffabe, vers le process quand il fonctionne, ou encore vers la turbine à condensation. Cette combinaison permet de gagner quelques points de rendement électrique, tout en utilisant de la vapeur. Il est possible d'aller plus loin en intercalant entre les deux turbines un surchauffeur qui va remonter la température de la vapeur à sa valeur initiale à la pression intermédiaire. L'intérêt de ce cycle avec resurchauffe est que l'énergie thermique fournie lors de la resurchaufe se retrouve, au rendement de la seconde turbine près, entièrement sous forme d'électricité. Le rendement électrique global peut ainsi être amélioré de 5 à 8 % et peut atteindre, voire dépasser 30 %, mais les surcoûts sont importants et cette solution est réservée à des installations de forte puissance.

Dans la 2ème solution, on extrait une partie de la vapeur entre 2 étages de la turbine, quel que soit son type, avant la détente complète. Dans le cas le plus simple, le soutirage est effectué pour permettre un usage process ou haute température de la vapeur et le mode de fonctionnement se rapproche de la combinaison précédente, à la différence près que les parties contrepression et condensation sont réunies dans une même turbine et que plusieurs pressions d'utilisation sont possibles.

On peut également soutirer de la vapeur pour préchauffer l'eau d'alimentation de la chaudière. Cette opération conduit à réduire la production d'électricité, mais à en augmenter le rendement. Plusieurs soutirages et réchauffages successifs sont réalisables, mais avec des gains de rendement électrique décroissants. Il est ainsi possible d'augmenter le rendement électrique de 5 %, cependant le procédé est ici aussi très coûteux (pompes et échangeurs mélangeurs supplémentaires), ce qui le destine plutôt aux installations de grosse puissance (plusieurs dizaines, voire centaines de MW).

2.3.3 Machines et techniques de co-génération

Le combustible est traditionnellement d'origine fossile, majoritairement du gaz naturel, mais il peut aussi être liquide (fioul domestique, fioul lourd, …) ou renouvelable tel que le biogaz ou d'origine biomasse par gazéification ou méthanisation. La machine est traditionnellement le moteur alternatif ou la turbine à gaz.

Pour la biomasse : différentes techniques avec différentes machines de co-génération :

– moteur à combustion interne : moteur alternatif : gazéification ;

– machine à combustion externe : ensemble chaudière à vapeur et turbine à vapeur : Cycle de Rankine.

Les systèmes de production thermiques et d'électricité sont développés pour optimiser la puissance électrique et la chaleur à partir de la biomasse.

2.3.3.1 La co-génération par Cycle de Rankine

• La biomasse est brûlée dans un foyer adéquat ;

• les gaz de combustion produisent de la vapeur surchauffée à forte pression dans une chaudière ;

• la vapeur est détendue dans une turbine à vapeur ;

• l'énergie mécanique de la turbine est transformée en électricité par un alternateur ;

• l'énergie thermique nécessaire à la production de chaleur est prélevée à différents niveaux de l'installation selon le niveau de température et de pression requis par les circuits de distribution thermique :

– soutirage de vapeur avant la turbine ;

– soutirage de vapeur entre étages de la turbine ;

– utilisation de la vapeur en sortie turbine ou utilisation de la chaleur de condensation de la vapeur.

2.3.3.2 Utilisation de la biomasse à grande échelle : co-génération

Elle englobe la combustion directe pour la chaleur industrielle, la production d'éthanol, la gazéification, la co-génération chaleur/électricité, la production de biogaz, le briquetage et la production d'électricité. C'est une ressource énergétique importante dans la région. L'exploitation efficace des déchets agricoles existants offre un potentiel important de développement de l'énergie de la biomasse sans introduire de perturbation excessive dans les pratiques agricoles et la production alimentaire ni nécessiter la mise en production de nouvelles terres. Parmi les résidus de culture les plus courants et les plus adaptés figurent la bagasse de canne à sucre, les déchets de sisal, les parches de café, les balles de riz, les rafles de maïs et les feuilles de bananiers. À la différence de beaucoup d'autres résidus de culture, ces déchets sont produits au cours des opérations de transformation et sont rarement remis sur les terrains. Par conséquent, l'utilisation de ces déchets agricoles pour la production d'énergie ne devrait pas avoir d'impact négatif sur la gestion des sols et la production alimentaire et pourrait constituer une source de revenus complémentaires pour les plus pauvres.

Les grands systèmes de production énergétique à base de biomasse les mieux connus, avec un bilan économique solide, sont les installations de co-génération utilisant la biomasse comme combustible d'alimentation et la production d'éthanol comme substitut au pétrole. Diverses formes de biomasse peuvent être utilisées pour alimenter l'installation, notamment la bagasse (résidus de canne à sucre) provenant des industries sucrières et des déchets des industries du papier, du bois de palme et du riz.

La co-génération offre d'importantes possibilités de production d'électricité et/ou de chaleur (voir Tableau 5), avec des investissements en capitaux limités, tout en évitant les effets environnementaux négatifs d'une utilisation accrue des combustibles fossiles. Les industries peuvent être situées dans des zones isolées qui ne sont pas raccordées au réseau électrique. L'électricité excédentaire peut être mise à la disposition d'autres usagers par le biais de mini-réseaux. La vente du surplus de production à la compagnie électrique nationale permet d'augmenter les revenus des industries proches du réseau.

2.3.3.3 Co-génération de la bagasse

Tableau 5 : Production de sucre et de canne à sucre et potentiel pour la co-génération en Afrique (2002).

Pays	Sucre ($x10^3$ t)	Canne à sucre[(a)] ($x10^3$ t)	Potentiel de co-génération	
			à 44 bars[(b)]	à 82 bars[(c)]
Angola	31	282	20	31
Bénin	5	45	3	5
Burkina Faso	40	364	25	40
Burundi	21	191	13	21
Cameroun	113	1027	72	113
Tchad	33	300	21	33
Congo	55	500	35	55
Côte d'Ivoire	158	1436	101	158
Egypte	1397	12700	889	1397
Ethiopie	294	2672	187	294
Gabon	18	164	11	18
Guinée	26	236	17	26
Kenya	423	3845	269	423
Madagascar	32	291	20	32
Malawi	257	2,336	164	257
Mali	34	309	22	34
Mauritanie	552	5018	351	552
Maroc	156	1418	99	156
Mozambique	252	2200	154	242
Nigeria	20	182	13	20
Réunion	210	1909	134	210
Sénégal	93	845	59	93
Sierra Leone	6	55	4	6
Somalie	21	191	13	21
Afrique du Sud	2755	25045	1753	2755
Soudan	792	7200	504	792
Swaziland	520	4727	331	520
Tanzanie	190	1727	121	190
Togo	3	27	2	3
Ouganda	244	2218	155	244
RDC	75	682	48	75
Zambie	231	2100	147	231
Zimbabwe	565	5136	360	565
Total	9612	87378	6117	9612

(a) estimé à partir de 11 % de sucre récupéré de la canne ;

(b) basé sur 70 kWh/tonne de canne ;

(c) basé sur 110 kWh/tonne de canne.

Les estimations montrent que plusieurs pays d'Afrique orientale et méridionale pourraient couvrir une grande partie de leur consommation électrique actuelle au moyen de la co-génération à partir de la bagasse dans l'industrie sucrière (voir tableau 6). L'Île Maurice fournit un excellent exemple et couvre près de 40 % de sa demande électrique grâce à la co-génération (environ la moitié de l'électricité produite par co-génération provient de la bagasse).

L'industrie sucrière est une importante utilisatrice de la co-génération. Au début de l'année 2000, la co-génération dans les raffineries de sucre au niveau mondial avait presque atteint une capacité de 1 100 MW auxquels s'ajoutaient 450 MW en construction. La plupart des aménagements sont enregistrés en Inde et sur l'Île Maurice.

Tableau 6 : Potentiel de la co-génération (bagasse) en Afrique orientale et méridionale.

Pays	**Capacité installée nationale de production électrique de toutes origines (MW), 2004**	**Potentiel co-gén., 82 bars**	**Potentiel cogén. En % du total de la capacité installée nationale de production électrique (toutes sources)**
Éthiopie	726	30,9	4,3 %
Kenya	1143	159,2	13,9 %
Malawi	238	56,5	23,7 %
Soudan	755	156,9	20,8 %
Swaziland	128	185,0	144,5 %
Tanzanie	881	97,8	11,1 %
Ouganda	303	46,0	15,2 %
Total	**4174**	**732,4**	**17,5 %**

*Sources : Deepchand, 2002 ; Karekezi et Kimani, 2002.*www.eia.doe.gov/…

2.3.3.4 Des exemples à suivre

Les exemples de centrales thermiques ou de co-génération fonctionnant à la biomasse sont multiples. Beaucoup d'agriculteurs utilisent des combustibles biologiques et renouvelables souvent de manière marginale et artisanale. Voici ici quelques exemples des plus représentatifs de ce que l'on peut faire à plus grande échelle.

2.3.3.4.1 La centrale du Moule en Guadeloupe

Les sources d'énergie renouvelables peuvent constituer, dans certaines régions isolées comme les îles, la seule source de confort. En Guadeloupe, l'activité agricole principale est la culture de la canne à sucre. La bagasse est le résidu du procédé de la canne à sucre. C'est donc la fibre qui subsiste après extraction du sucre. D'une tonne de cannes, il subsiste ainsi 320 kg de bagasse. La bagasse possède un pouvoir calorique supérieur à celui de nombreux lignites exploités dans le monde. Dix tonnes de bagasse équivalent à presque deux tonnes de fuel lourd avec l'avantage d'être moins polluant et renouvelable sur un cycle annuel.

La bagasse était déjà utilisée par l'industrie sucrière traditionnelle dans les chaufferies pour produire de la vapeur et même parfois de l'électricité, mais pour son usage exclusif. L'application de techniques modernes permet de dégager de gros excédents d'électricité sur les besoins de l'autoconsommation (Annexe 20).

La bagasse n'est pas disponible toute l'année et la production de vapeur à partir de la bagasse coïncide par définition avec le cycle sucrier. L'énergie produite est très nettement supérieure aux besoins des sucreries et elle doit être mise à la disposition des Guadeloupéens. Par conséquent, cette production doit s'insérer dans l'offre globale continue d'énergie proposée par EDF (Electricité de France). Il n'est pas pensable d'arrêter les autres centrales électriques, le temps de la saison sucrière pour les remettre en route une fois la saison passée. Il est donc nécessaire d'offrir une production à peu près constante de courant électrique. Il est cependant impossible de stocker la bagasse plus d'une semaine. Les sucres qu'elle contient encore, même à faible dose après leur extraction, provoquent une fermentation qui la rendrait inutilisable pour une bonne combustion.

La construction d'une centrale électrique utilisant prioritairement le résidu de canne à sucre, la bagasse, constitue un élément essentiel du « *programme gouvernemental de consolidation et de développement de la culture de la canne en Guadeloupe* »[35]. La culture de la canne couvre 13 000 hectares, soit 43% des terres arables. La collecte dure quatre mois. Elle produit normalement 500 000 tonnes de cannes, ce plan a été élaboré pour redonner de l'oxygène à cette activité qui tendait à décliner : 310 000 tonnes seulement ont été produites lors de la campagne précédant cette initiative.

La centrale joue un rôle décisif dans le dispositif adopté. La sucrerie de Gardel concentre désormais le traitement de toutes les cannes de l'Île. Sans l'apport de la centrale, il aurait fallu investir dans une nouvelle chaufferie. Selon les premières indications, la production sucrière aurait d'ores et déjà retrouvé son niveau habituel.

Par ailleurs, le rendement de l'installation a considérablement augmenté. Si l'on compare l'ensemble de la filière proposée par SIDEC[36(*)] avec les sucreries traditionnelles utilisant la bio-combustion en autoconsommation, l'excédent est de 54MW pour 100 000 tonnes de sucres. Les centrales de co-génération peuvent atteindre un rendement énergétique d'environs 89% contre à peine plus de 40% pour une centrale fonctionnant au fuel ou au charbon.

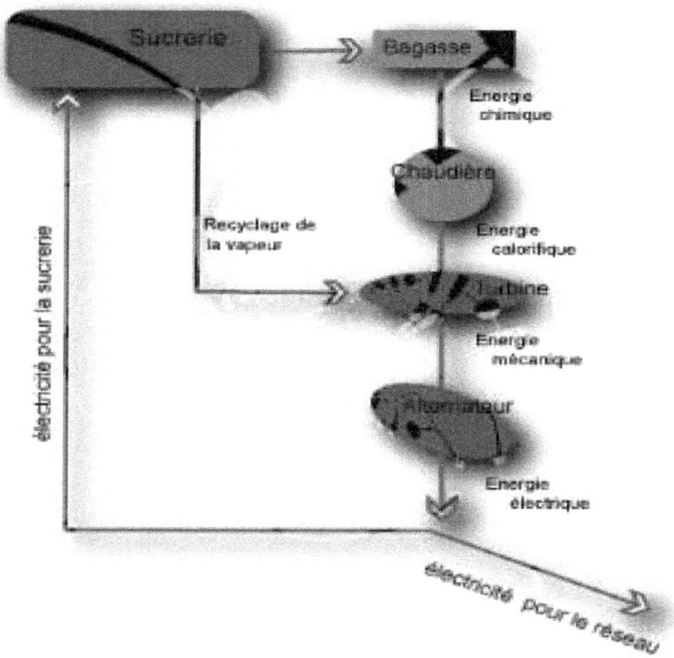

Figure 54 : Schéma de fonctionnement de la centrale thermique du Moule.
Sources : *ADEME*

Conclusion partielle

Les industries connexes à la sucrerie sont constituées de deux groupes : la valorisation des sous-produits et la production des utilités (énergie, vapeur, gaz, air et vide). L'intérêt de la sucrerie vient du fait qu'elle est autonome et peut fournir l'énergie aux tiers, grâce à la co-génération.

QUATRIÈME PARTIE

LES MÉTIERS LIES AUX TECHNOLOGIES SUCRIÈRES

Les métiers de l'atelier moulins

L'atelier moulins est composé en général d'un ingénieur en chef secondé par plusieurs assistants travaillant par rotation. Le but principal est d'extraire le maximum de jus de la canne broyée et de perdre le moins possible de saccharose dans la bagasse. Les chaudières, la production de la vapeur et de l'énergie électrique et généralement tout l'entretien et les réparations mécaniques, moteurs, pompes, moulins, atelier, sont aussi de la responsabilité de cet atelier.

Matière première reçue = Cannes

Production = Jus mélangé et Bagasse

Les métiers de l'atelier de fabrication

Composé d'un chef de fabrication secondé par plusieurs assistants assurant la relève par quart, ce département a pour but principal est de récupérer ou cristalliser le plus possible du saccharose reçu dans le jus mélangé reçu du département moulins. Les différentes opérations comprennent le chaulage - le chauffage du jus - la décantation - la filtration des boues du décanteur - les évaporateurs - appareils à cuire (vacuum pans) - les malaxeurs - les centrifuges.

Les métiers du laboratoire

Est sous la responsabilité d'un chef chimiste qui a un ou plusieurs assistants chimistes assurant les quarts et des échantillonneurs.

Assure le contrôle chimique et technique de toute la sucrerie, moulins et fabrication.

Comme la sucrerie travaille 24 heures par jour, le laboratoire doit donc s'organiser pour travailler par rotation 24 h sur 24.

L'échantillonnage doit être fait pendant les 24 heures de travail de la sucrerie. Certaines analyses, bagasse, écumes, masses cuites, égouts, sucre dans les eaux condensées, doivent être faites continuellement à intervalles réguliers ou plus souvent en cas d'urgence.

Responsabilités du chimiste

Le travail du chimiste peut être comparé à celui d'un comptable dans une firme commerciale. Au lieu de s'occuper d'argent reçu et dépensé, le chimiste tient compte du saccharose reçu par la sucrerie dans les cannes, du saccharose produit ; la différence formant ce que l'on appelle les 'Pertes Totales Réelles'.

Les métiers de la sucrerie raffinerie

❖ Directeur d'usine

➢ Chef d'entretien

o Adjoint chef d'entretien

▪ Chef d'équipe mécanique

➢ Chef d'énergie

o Contremaître régulation

▪ Chef d'équipe régulation

o Contremaître électricien

▪ Chef d'équipe électricien

➢ Chef fabrication sucrerie

o Chef de quart (responsable de la cour à canne jusqu'au séchage)

▪ Chef de section (12-16 employés)

• Chef d'équipe (entre 06-08 opérateurs)

➢ Chef fabrication raffinerie

o Chef de quart (responsable de la cour à canne jusqu'au séchage)

▪ Chef de section (12-16 employés)

• Chef d'équipe (entre 06-08 opérateurs)

➢ Ingénieur process

➢ Ingénieur mécanicien

Chef fabrication ou responsable fabrication

Chef service fabrication adjoint (-sucrerie, -raffinerie)

Chef de quart (responsable de la cour à canne au séchage)

Chef section (12-16 employés)⇔ chef d'atelier

Opérateur

Chef d'équipe (entre 06-08 opérateurs)

Employés de HSE (Hygiène-Sécurité-Environnement)

- Agents de nettoyage
- Sécurité incendie

Culture

Service culture

Service de la plante

Il existe ici

DP (directeur des plantations)

DPA (directeur des plantations adjoint)

Coupeurs

Glaneuses (forment le groupe des manœuvres agricoles).

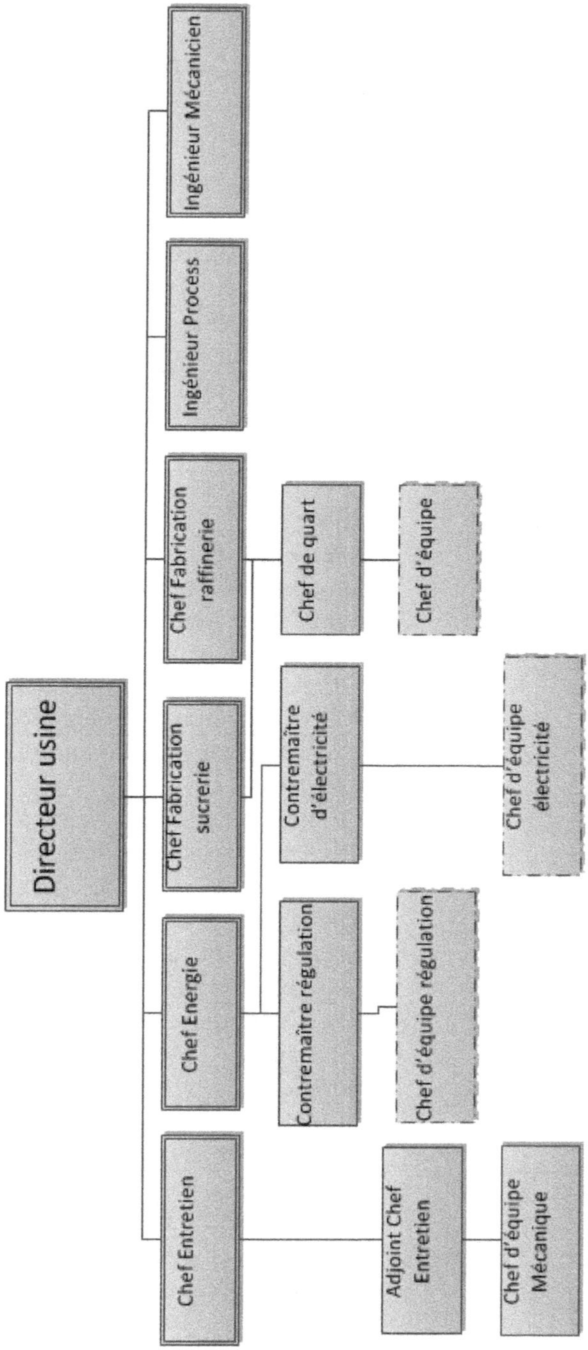

Directeur usine
Chef Entretien
Chef Energie
Chef Fabrication sucrerie
Chef Fabrication raffinerie
Ingénieur Process
Ingénieur Mécanicien
Adjoint Chef Entretien
Chef d'équipe Mécanique
Contremaître régulation
Chef d'équipe régulation
Contremaître d'électricité
Chef d'équipe électricité
Chef de quart
Chef d'équipe

Figure 55 : Organigramme d'une usine de sucrerie de cannes.

Les ouvriers dans les industries sucrières

Métiers	Poste d'affectation ou lieu de travail	Observations
Affûteur	**Direction de la production agricole**	Personne chargée d'aiguiser la denture des machines
Aide-tronçonneur ou aide-scieur		Personne chargée d'assister le tronçonneur ou le scieur
Apprenti		Personne qui apprend un métier manuel ou technique sous la direction d'un professionnel expérimenté
Balayeur		Personne chargée du balayage d'une surface donnée
Echantillonneur		Personne chargée de prélever de petites quantités d'un produit quelconque dans une collection représentative pour analyse au laboratoire
Gardien		Personne qui assure la surveillance de jour comme de nuit d'un lieu précis
Jardinier		Personne chargée de cultiver et d'entretenir les jardins
Manœuvre agricole		Employé agricole affecté à des travaux ne requérant pas de formation professionnelle particulière
Manutentionnaire		Personne chargée de la manipulation et du déplacement de marchandises destinées à être emmagasinées, emballées ou expédiées
Ouvrier ordinaire		Personne qui exécute un travail manuel ou mécanique par rapport à son habileté pratique
Planton coursier		Employé chargé par une entreprise d'effectuer des courses
Balayeur	**Parc matériel**	Personne chargée du balayage et de l'entretien d'une surface précise
Planton coursier		Employé chargé par l'entreprise d'effectuer des courses au sein ou en dehors du parc
Vulcanisateur		

Les ouvriers spécialisés dans les industries sucrières

Métiers	Poste d'affectation ou lieu de travail	Observations
Surveillant des travaux manuels	**Direction de la production agricole**	Employé chargé d'empêcher la fraude ou les infractions par l'observation et le contrôle des travaux manuels
Contrôleur qualité coupe		Personne dont le métier est de s'assurer du respect des procédures imposées par les règles et les règlements lors des coupes
Aide-magasinier		Personne chargée d'assister l'employé chargé de la réception, de la classification et de la distribution des produits ou des marchandises dans un magasin ou un entrepôt
Chauffeur engins (Massey)		Personne dont la fonction est de conduire les engins
Contrôleur carburant		Personne chargée de s'assurer du respect des procédures lors du stockage et de la distribution du carburant
Surveillant transport classique		Employé chargé d'empêcher la fraude ou les infractions par l'observation et le contrôle dans les transports
Surveillant cycle court/cycle long		Employé chargé de surveiller le cycle court et le cycle long
Observateur suivi agronomique		Employé chargé de suivre la production agronomique
Ouvrier spécialisé		Employé chargé d'exécuter un travail précis sans avoir de qualification particulière
Surveillant des travaux agricoles		Personne chargée d'assurer le contrôle et le suivi des travaux agricoles
Scieurs-tronçonneurs		Personne chargée du sciage ou du tronçonnage
Contrôleurs des travaux mécanisés		Personne dont le métier est de s'assurer du respect des procédures et des règlements lors des travaux mécanisés
Agent polyvalent agro		Personne chargée d'effectuer plusieurs tâches au service agro

O.S tourneur-ajusteur	**Parc matériel**	Personne qui façonne des pièces avec une machine-outil ou qui réalise les ajustages de pièces mécaniques
O.S chaudronnier		Employé dont le métier est de fabriquer des pièces et assemblages métalliques
O.S électricien automobile		Personne dont le métier est de réaliser ou d'entretenir des installations électriques Automobiles
O.S mécanicien		Personne dont le métier est de monter, de réparer ou d'entretenir des machines
O.S tôlier		Personne qui travaille à l'assemblage ou la remise en forme de plaques de métal
O.S magasinier outillage		Employé chargé de la réception, de la classification et de la distribution des outils
O.S soudeur		Personne dont le métier est de procéder à la fusion thermique de pièces métalliques

Les ouvriers spécialisés dans les industries sucrières

Métiers	Poste d'affectation	Observation
Apprenti-usine	**Usine**	Personne qui apprend un métier manuel ou technique sous la direction d'un professionnel expérimenté
Basculeur portique		
Chauffeur VL		Personne dont la fonction est de conduire un véhicule automobile
Couseurs		Personne chargée de coudre les sacs de sucre après ensachage
Electricien bâtiment		Personne dont le métier est de réaliser ou d'entretenir des installations électriques au sein des bâtiments
Ensacheurs		Personne chargée de mettre du sucre dans des sacs
Graisseurs		Employé chargé de lubrifier des mécanismes, des moteurs ou des machines
Magasinier outillage		Employé chargé de la réception, de la classification et de la distribution des outils
Manipulateur fosse Mâchefers		Personne qui effectue des opérations d'incinération et la gestion des fosses d'incinération

O.S ajusteur-fraiseur		Employé chargé de l'usinage et de l'ajustage des pièces métalliques
O.S peintre		Professionnel qui réalise des travaux de peinture ou de pose de papier peint sur demande
O.S calorifugeur		Employé chargé de tapisser les appareils et tuyauteries d'un revêtement qui empêche une déperdition de chaleur
O.S chaudronnier		Employé dont le métier est de fabriquer des pièces et assemblages métalliques
O.S électricien		Personne dont le métier est de réaliser ou d'entretenir les installations électriques
O.S frigoriste		Spécialiste qui travaille dans la production du froid et qui installe les systèmes frigorifiques
O.S maçon		Personne dont le métier consiste à effectuer des travaux de construction
O.S mécanicien		Personne dont le métier est de monter, de réparer ou d'entretenir des machines
O.S menuisier		Employé qui travaille le bois et fabrique de l'ameublement simple ou des ouvrages destinés à l'agencement des bâtiments
O.S monteur		Personne chargée d'assurer l'assemblage de différentes pièces
O.S plombier		Personne qui s'occupe de l'installation et de la maintenance des appareils sanitaires et des canalisations d'eau et de gaz
O.S régleur		Personne dont le métier consiste à mettre au point avec précision certains instruments
O.S soudeur		Personne dont le métier est de procéder à la fusion thermique de pièces métalliques
O.S tourneur-fraiseur		Employé travaillant à l'usinage et au façonnage des pièces métalliques à l'aide d'une machine-outil
O.S palettiseur		Employé chargé d'organiser la manutention de différents produits en utilisant des plateaux destinés au transport
Opérateur phosphatation		Ouvrier chargé d'assurer la phosphatation
Opérateur pont-bascule		Employé chargé d'assurer les différentes opérations de pesage de tout ce qui entre ou qui sort de l'entreprise

Pointeur		Employé chargé d'effectuer un contrôle ou une vérification en marquant d'un signe la présence ou l'absence d'une personne
Pompiste		Employé qui s'occupe de la distribution de l'essence dans la station-service de l'entreprise
Préparateur pré-couche		Personne chargée d'assurer la préparation de la phase qui conditionne la filtration et de faciliter le debatissage au gâteau filtrant
Surveillant		Employé chargé par la direction d'une entreprise ou d'un service de contrôler la conduite des employés ou la bonne marche des opérations
Surveillant brûleur		Employé chargé d'assurer le contrôle lors du bûlage
Surveillant clarificateur		Employé chargé d'assurer le contrôle lors de la clarification
Surveillant fondoir		Employé chargé d'assurer le contrôle au cours de la refonte

Les ouvriers spécialisés dans les industries sucrières (logistique)

Métiers	**Poste d'affectation ou lieu de travail**	**Observation**
Caissier auxiliaire	**Parc matériel ou logistique**	Employé qui tient la caisse, reçoit les paiements, mais chargé de seconder une personne
Aide-secrétaire		Personne chargée d'assister le secrétaire dans sa fonction
Commis prospecteur		Personne chargée d'enregistrer les commandes et étudier les besoins et de présenter les produits aux clients
Cuisinier		Employé chargé de faire la cuisine
Conducteur engins		Employé dont la fonction est de conduire un engin
Contrôleur chargement		Employé chargé d'assurer le respect des procédures lors du chargement
Contrôleur expédition		Employé chargé d'assurer le contrôle et le respect des procédures pendant l'expédition

Aide-magasinier		Employé chargé d'assister le magasinier dans sa tâche
Surveillant piscine		Employé chargé d'assurer la surveillance et l'entretien de la piscine
Préposé pharmacie		Personne chargée d'un service particulier en pharmacie
Pointeur		Employé chargé d'effectuer un contrôle ou une vérification en marquant d'un signe la présence ou l'absence d'une personne
Serveur (se)		Employé chargé de servir les clients dans le débit de boissons ou dans le restaurant
Barman (aid)		Employé chargé de servir au bar
Blanchisseur		Employé chargé du blanchissage et du repassage du linge et des vêtements
Echantillonneur		Personne chargée de prélever de petites quantités d'un produit quelconque dans une collection représentative pour analyse au laboratoire
Employé de bureau		Salarié travaillant dans un bureau, sans fonction de commandement ou de décision, pour effectuer des tâches de nature administrative, telles qu'écritures, dactylographie, enregistrement, transcription, tri et rangement de documents ; secrétariat.
Pompiste		Employé qui s'occupe de la distribution de l'essence dans la station-service de l'entreprise
Coursier		Employé chargé par une entreprise d'effectuer des courses
Planton archiviste		Employé préposé à la conservation des archives
Sapeur-agent sécurité Rondier	**HSE et RAQ**	Employé chargé d'assurer la sécurité des biens de la société
Equipe de 1ere intervention		Equipe chargée d'une part, de " surveiller " l'établissement avec le maximum d'efficacité et d'autre part, d'évaluer calmement la situation et de lutter contre l'incendie avec les moyens appropriés

Les ouvriers professionnels dans les industries sucrières

Métiers	Poste d'affectation	Observation
Cariste		ouvrier professionnel chargé de conduire un engin motorisé servant au déplacement de marchandises au sein de la sucrerie
O.PI chaudronnier		Ouvrier professionnel chargé de travailler les métaux pour donner une forme avant de les assembler
Chauffeur ambulancier		ouvrier professionnel chargé de conduire le véhicule servant d'ambulance
Chauffeur VL		ouvrier professionnel chargé de conduire les voitures légères (VL)
O.PI électricien automobile		Ouvrier professionnel chargé d'exercer l'art en matière d'électricité automobile
Chauffeur PL/TC		ouvrier professionnel chargé de conduire les voitures désignées Poids lourds (PL)
O.PI mécanicien hydraulicien		ouvrier professionnel chargé d'exercer en mécanique des fluides
O.PI mécanicien		ouvrier professionnel chargé d'assurer la continuité de la machine à assembler
O.PI diéséliste		ouvrier professionnel chargé d'exercer sur les moteurs Diesel
Radiatoriste		ouvrier professionnel chargé d'exercer sur les radiateurs
O.PI mécanicien transmission		ouvrier professionnel chargé d'exercer sur les systèmes de transmission
O.PI graisseur		ouvrier professionnel chargé de lubrifier les machines
O.PI soudeur		Ouvrier professionnel chargé de travailler les métaux pour donner une forme avant de les assembler
O.PI tôlier peintre		ouvrier professionnel chargé d'exercer dans le domaine de la carrosserie, de la tôlerie et de la peinture
O.PI tourneur ajusteur		ouvrier professionnel chargé d'exercer dans les activités liées à la production unitaire ou en petites séries des pièces mécaniques diverses

Secrétaire administratif		Personne chargée d'exercer les diverses activités telles que : la rédaction des notes, la communication, comptabilité, l'encadrement et la gestion du personnel
Secrétaire technique		Personne chargée d'assurer le suivi administratif et comptable des travaux et des matières à l'usine et en optimisant l'organisation des procédures

Les métiers à la fermenterie distillerie

Chef d'usine

Chef d'usine adjoint

Chef de quart

Fermenteur

Distilleur

Caviste : celui qui prépare le mout pour la fermenterie et la culture.

Magasinier : personne en charge de la gestion des stocks des matières premières et des produits finis.

Responsable de la maintenance

Agent de maintenance

Chaudronnier (metalco), personne en charge de la chaudronnerie, de la construction des cuves, des tuyauteries et de la charpente métallique.

Mélangeur : personne en charge de la mélangerie. C'est une étape qui passe avant la fermenterie et la culture.

Chef de laboratoire

Conclusion partielle

Les métiers des industries sucrières sont diversifiés. Ils couvrent tous les aspects des agro-industries et même au-delà. En effet, le sucrier est bien formé tout le long sa carrière. Il est fier parce qu'il passe par toutes les étapes au même endroit : la culture, la transformation, la maintenance, la logistique, la certification et le contrôle qualité.

CONCLUSION GENERALE

Les opérations unitaires de séchage, d'évaporation, de concentration, de cristallisation et d'extraction ont été analysées. Ces opérations sont essentielles dans le processus d'extraction du sucre de canne.

Le procédé d'extraction du sucre de canne présente deux étapes principales : la sucrerie et la raffinerie. La sucrerie est composée de la préparation, du broyage de la canne, de l'extraction du jus, l'épuration, l'évaporation, la cristallisation, du turbinage et du séchage. La raffinerie est composée de la refonte, de la décoloration, de la cristallisation, du séchage et du faconnage. Les étapes capitales pour la réussite sont l'épuration, l'évaporation et la cristallisation. Ce sont le broyage et le séchage qui consomment le plus d'énergie.

Les industries connexes à la sucrerie sont constituées de deux groupes : la valorisation des sous-produits et la production des utilités (énergie, vapeur, gaz, air et vide). L'intérêt de la sucrerie vient du fait qu'elle est autonome et peut fournir l'énergie aux tiers. Grâce à la co-génération.

Les métiers de l'industrie sucrière sont répartis ainsi qu'il suit : postes de la direction de production agricole 24, poste du parc matériel 10, poste d'usine 45, poste du parc matériel ou logistique 19, poste HSE (Hygiène Sécurité Environnement) – RAQ (Responsable Assurance Qualité) 21. Ces métiers sont catégorisés en fonction du diplôme initial, de l'expérience et du plan de carrière.

Un sujet bien abordé dégage les pistes pour d'autres sujets. La collaboration entre l'université et l'industrie trouve ses lettres de noblesse à travers cet ouvrage. Le plan d'action peut s'articuler sur la visite de l'université par les industriels. Ce vent est favorable avec la réouverture de l'aéroport de Ngaoundéré. Au cours de cette visite, les exposés et les conférences sont organisés afin de faire vivre l'ambiance de l'usine aux étudiants.

L'apport sociétal de la sucrerie n'a pas été suffisamment abordé. En effet, les populations vivant à proximité de l'agro-industrie ont des conditions de vie meilleures comparées à d'autres groupes de populations (santé, scolarité de leurs enfants, logistique de transport).

Il a été prouvé que la production locale protège l'environnement. En effet, un sac de sucre qui part d'un autre coin du globle doit être transporté avec la consommation du fuel et de l'essence.

BIBLIOGRAPHIE

ACICIAA, *Sucrerie : raffinerie de sucre, books.google.cm* Association des Chimistes, Ingenieurs et Cadres des Industries Agricoles et Alimentaires (ACICIAA), Paris, 1990, 145 pages.

Akesbi N., Guerraoui D., 1991. *Enjeux agricoles : Evaluation de l'expérience marocaine*, Casablanca, Ed. Le Fennec.

Alioua F., Benatya D., Zagdouni L., 1988. *L'impact socio-économique des projets d'irrigation Doukkala I et Doukkala II*, Direction du développement Rural, IAV Hassan II, Rabat.

Alvarez J.F., Baez-Smith C.Y. et Weiss L.W. (2005). Modeling the New Technology Raw Sugar Factory/Refinery Using SugarsTM For Windows®, Article soumis.

Analyse des éléments d'un séchoir pour produits oléagineux. 2nd International workshop on African pear improvement and other new souces of vegetable oils, 3 -5 decembre 1997, Ngaoundéré, Cameroon, 305-314.

Anyangwa E. M., Kapseu C., Elemva, Musonge P., Effect and removal of starch in the sugar refining industry, International Sugar Journal, 95, 1134, 1993, 210-213.

Application of CFD in the Sugar Industry.3rd International Conference on CFD in the Minerals and Process Industries, CSIRO, 10-12 December, Melbourne, Australia.

Archimede H, Gourdine J.L., Boval, Coppry : « La canne à sucre et ses co-produits dans l'alimentation animale », *Innovations Agronomiques* (2011).

Arzatea, « Extraction et raffinage du sucre de canne », Centre de recherche de développement et de transfert technologique en acériculture, Saint-Norbert d'Arthabaska, Québec Canada, 25 novembre 2005, 45 pages.

Association nationale des améliorations foncières, de l'irrigation et du drainage. L'Irrigation au Maroc.

Awatade M.N., Balwe T.K. et Achalya G.N. (1996). Improved Technics for In-situ Monitoring and Control of pH in the Cane Sugar Manufacturing Process. Solid State Ionics, 90(1), 227232.

Balakrishnan M., Dua M. et Bhagat J.J. (2000a). Effect of Operating Parameters on Sugarcane Juice Ultrafiltration : Results of a Field Experience. Separation and Purification Technology, 19(3), 209-220.

Balakrishnan M., DUA M. et Bhagat J.J. (2000b). Evaluation of Ultrafiltration for Juice purification in Plantation White Sugar Manufacture.International Sugar Journal, 102(1213), 21-24.

BalakrishnanM., Dua M. et Khairnar P.N. (2001). Significance of Membrane Type and Feed Stream in the Ultrafiltration of Sugarcane Juice. Separation Science and Technology, 36(4), 619-637.

Balch, R.T. : The Lipids of Sugar cane, (1953).

Banque Mondiale–Département de l'évaluation rétrospective des opérations, 1989.

Barker B., Davis S.B. et Scholten M. (2004). Evaluation of Chemicallly Regenerated Activated Carbon (SPARAC) for Sugar Decolourisation. International Sugar Journal, 106(1266), 344-352.

Benne M., Grondin-Perez B., Chabriat J.P. et Hervé P. (2000). Artificial Neural Networks for Modelling and Predictive Control of An Industrial Evaporation Process. Journal of Food Engineering, 46(2), 227-234.

Bento L.S.M. (2000). Study os Color Formation DuringCarbonatation in Cane Sugar Refining Using GPC with an ELS Detector. Zuckerindustrie, 125(2), 97-100.

Biang Nzi E., Kapseu C., Yields of different sugarcane varieties in Cameroon, *Cahiers Agricultures* 1999 ; 8 : 1-3.

Bresson Fondeur E., « La canne à sucre : histoire, culture et utilisations en thérapeutique, des origines au xve siècle », *books.google.cm, 1998*

BubnikZ. et Kadlec P. (1996). « Simulation des Propriétés des Solutions de Sucre et de la Cristallisation », *Industries Alimentaires et Agricoles*, 223(7), 536-540.

Bubnik Z., Pour V., Gruberova A., Starhova H., Hinkova A. et Kadlec P. (2004). Application of Continuous Chromatographic Separation in Sugar Processing. Journal of Food Engineering, 61(4), 509-513.

Burzawa E. et HeitzF. (1995). « La Cristallisation du Sucre : Des bases Théoriques à la Production Industrielle », *Industries Alimentaires et Agricoles*, 112(7), 522-532.

Cadet C., Touré Y., Gilles G. et Chabriat J.P. (1999). Knowledge Modeling and Nonlinear Predictive Control of Evaporators in Cane Sugar Production Plants. Journal of Food Engineering, 40(1), 59-70.

Cartier S., Tatoud L., Theoleyre M.A. et Decloux M. (1997). Sugar Refining Process by Coupling Flocculation and Crossfloww Filtration. Journal of Food Engineering, 32(2), 155-566.

Chi Chou C. (2000). Handbook of Sugar Refining : A Manual for the Design and Operation of Sugar Refining Facilities. John Wiley & Sons Inc. USA.832 p.

Decloux M. et Tatoud L. (2000). Importance of the Control Mode in Ultrafiltration : Case of Raw Cane Sugar Remelt. Journal of Food Engineering, 44(2), 119-126.

Decloux M., Procédés de Transformation en Sucrerie, Paris, Éditeur Techniques Ingénieur, 2002, France.

Deepchand K. : Sugar cane Bagasse for electricity Generation in Africa, (2004).

Delden E. (1981). Standard Fabrication Practices for Cane Sugar Mills. Elsevier Pub. Co. USA. 253 p.

Delteil A., La Canne à sucre,Chalamel, Paris, 1884 - 118 pages.

Dixon T., Mann A., Hobson P., Plaza F., Pennisi S. et Steindl R. (2003).

Duperval B., La canne-à-sucre : son origine, sa culture, son industrie, Impr. H.

Eggleston G., Pollach G. et Triche R. (2005). The Use of Ion Chromatography Profiles as a Screening Tool to Differentiate Cane White Sugar from Beet White Sugar. Zuckerindustrie, 130(8), 611-616.

El-Syiad S.I. (2000). Egyptian Raw Cane Sugar Quality in relation to Refining Requirements. Food Chemistry, 68(3), 253-257.

FAO–Centre d'Investissements. *Projet de soutien au développement agricole (PSDA) dans les ORMVA*. Mission de préparation, août 1992.

Faraj H., 1977. « Plan Sucrier », in *Hommes, Terre et Eaux*, 6 :22.

Fauconnier R., *La canne à sucre*, Agence de Coopération Culturelle et Technique, Paris, 1991 - 165 pages.

Galante M., *Terre d'histoire sucrière* (2005).

Ghosh A.M., Balakrishnan M., Dua M. et Bhagat J.J. (2000). Ultrafiltration of Sugarcane Juice with Spiral Wound Modules : On-site Pilot Trials. Journal of Membrane Science, 174(2), 205-216.

Goza-Leon O. et Perez De Alejo Victoria H. (2000). An Expert System for the Analysis of Energy Systems in cane Sugar Factories. New Review of Applied Expert Systems and Emerging Technologies, 6,65-80.

Grondin-Perez B., Benne M. et ChabriaT J.-P. (2005). Supervision of C Crystallisation in Bois Rouge Sugar Mill Using On-line Crystal Content Estimation Using Synchronous Microwave and Refractometric Brix Measurements. Journal of Food Engineering, Article en impression.

Grondin-Perez B., Benne M., Bonnecaze C. et Chabriat J.P. (2005). Industrial Multi-step Forward Predictor of Mother Liquor Purity of the Final Stage of a Cane Sugar Crystallisation Plant. Journal of Food Engineering, 66(3), 361-367.

Gula F. et Paillat D. (2005). Decolorization of Refinery Liquors : A Technical and Economic Comparison Between the Different Systems Using Activated Carbon or Resins. International Sugar Journal, 107(1276), 235-242.

Hachimi L., Agbani M.,1990. « Observations sur les incidences de certains facteurs agronomiques sur la qualité technologique de la betterave sucrière : cas des Doukkala », in *Sucrerie Maghrébine* 42-43, 1er et 2e trim. (Spécial IIRB).

Herbert Popp, 1984. *La question hydraulique : effets socio-géographiques de la politique des barrages au Maroc*, Rabat.

Honig P. (1953). Principles of Sugar Technology. Elsevier Pub. Co. HOLLAND.767 p.

Hugh Tincker. The New System of Slavery, (1993).

Hugot E. (1972). Handbook of Cane Sugar Engineering. Elsevier Pub. Co. USA.1166 p.

Journet G. (2005). Failing Film Evaporators in Cane Sugar Mills. International Sugar Journal, 107(1280), 468-475.

Journet G. et Rouanne F. (2005). Failing-film Evaporators in Cane Sugar Factories.Zuckerindustrie, 130(7), 531-537.

Juan Carlos Meza : Influence of Ethanol Vapors as Indicer, Process Biochemistry, (2005).

Kapseu C., Kambou S., Toko V., Tedga N. Effet et élimination de dextrane en fabrication sucrière, Actes de la troisième Conférence du Comité Camerounais des Bio-sciences, Yaoundé, 16-18 décembre 1992.

Kapseu C., Kambou S., Toko V., Tedga N. "Influence de dextrane sur la filière sucrière au Cameroun'', *Cahiers Agricultures*, 2, 1993, 422-424.

KAPSEU C., 2000. Le séchage en Afrique à l'aube du troisième millénaire, Actes du séminaire international sur le séchage et sur la valorisation du karité et de l'aiélé, tenu à Ngaoundéré au Cameroun du 1er au 3 décembre 1999 ; édité par C. Kapseu et J. Kayem, pp 37-46.

Kapseu C., 2003. La Situation du séchage et des technologies post-récoltes en Afrique Subsaharienne, Actes du séminaire d'animation régionale du réseau des chercheurs Génie des Procédés appliqué à l'Agro-Alimentaire de l'Agence Universitaire de la Francophonie, Yaoundé, Cameroun, 10-12 décembre 2003, pp. 18-26.

Kapseu C., 2005. Génie des Procédés Appliqué à l'Agro-Alimentaire : Facteur de développement en Afrique subsaharienne francophone, Séminaire régional scientifique et pédagogique, Maîtrise des procédés en vue d'améliorer la qualité et la sécurité des aliments, Utilisation des OGM, analyse des risques en Agroalimentaire, 8-10 novembre, 2005, Ouagadougou, Burkina Faso.

Kapseu C., Ahmed A. et Tedga N. "Contribution à la réduction des pertes à la sucrerie-raffinerie de canne'', J. of food Engineering, 20, 1993, 45-53.

Kapseu C., Ahmed A. et Tedga N. Réduction des pertes à la cristallisation-sucrerie de canne, Actes de la deuxième Conférence du

Comité Camerounais des Bio-sciences, 30 novembre-1er décembre 1990, Dschang, pp. 257-260.

Kapseu C., Ayong P. and Tedga N. Change in massecuite during mixing in a Cameroonian cane sugar factory, J. Of Food Engineering, 23, 1994, 397-401.

Kapseu C., Broto, Roques, Kuitche A., Foko E., Kenmogne S. B., et Parmentier M. Analyse fonctionnelle d'un séchoir mis au point dans un environnement tropical, Douzièmes Rencontres Scientifiques et Technologiques des Industries Alimentaires, L'innovation : de l'idée au succès, 22 au 23 mars 2000 à Montpellier (France), Lavoisier Techniques et documentations, Paris, 2000, 173-178.

Kapseu C., Kombou E., S., Allain M. Bertrand E,.E. et Tedga N., « Influence de la maintenance du système de pompage sur la productivité en sucrerie-raffinerie de canne », *Industries Agricoles et Alimentaires*, 111, 7/8, 1994, 398-401.

Kapseu C., Musonge P. and Nzie E. B. Optimizing the harvest time and sugar yields of sugar cane using chemicals ripeners, AMA, 24, 4, 1993, 40-42.

Kapseu C., Nzie E. B., J.-C. Domgmo, Tedga N. Amélioration de la production sucrière au Cameroun, Actes de la troisième Conférence du Comité Camerounais des Bio-sciences, 16-18 décembre 1992, Yaoundé.

Kapseu C., Puiggali J R., Broto F., Roques M., Nadeau J.P. Parc des ventilateurs et des résistances dans les techniques de séchage adaptées à l'environnement tropical, Tropicultura (Belgique), 1998-1999, 16-17 (3), 154-158.

Kapseu C., Tedga N., Biang Nzi E. La sucrerie de canne au Cameroun : dix ans de recherche – développement, 1999, Yaoundé, Editions Presses Universitaires de Yaoundé, 75p.

Kapseu C., Teunou E. "Analyse granulométrique du **sucr**e en poudre'', Sciences et techniques (RAIST), séries A, 10, 2, 1992, 27-32.

Kapseu C., 1998. « Conception d'un séchoir en vue de la réduction des pertes post-récoltes : procédé et méthodologie », Biosciences Proceedings, Vol. IV, édité par C. M. F. Mbofung, F-X. Etoa ; P. F. Moundipa ; J. Ngongang, pp. 313 – 322.

Kapseu, C. Abi F., *Manuel de séchage industriel de MUJUNDAR : Principes, équipements et nouveaux développements,* traduit, complété et re-édité à partir de la version anglaise originale produite par A. S. Mujundar et S. Devahastin, 218 pages.

Kellomaki, Seppo. Forest Resources and Sustainable Management, (1998).

Kenmogne S.B., Kapseu C., Broto F., Roques M., 2000. Approche méthodologique de la modélisation du séchage des produits tropicaux, Actes du séminaire international sur le séchage et sur la valorisation du karité et de l'aiélé tenu à Ngaoundéré au Cameroun du 1er au 3 décembre 1999, édité par C. Kapseu et J. Kayem, pp. 271 – 282.

Keramat J. et Nursten H.E. (1994). The Relationship Between the coloured Compounds Present in teh Pressed Liquor of Cane Sugar Manufacture and Those Formed in Maillard Reactions, in Alkaline Degradation of Sugars, and in Caramelisation. Food Chemistry, 51(4), 417-420.

Khayati I., « Mutations des structures agraires dans le périmètre irrigué des Doukkalas », 1988. Mémoire de DES, Faculté des lettres d'El Jadida.

Kuchejda M., Ramirez S. Et Yilmaz S. (2005). NIR Polarimetry/Sample Preparation for Sucrose Measurement and assessment of An Automated System for colour, Turbidity ans Ash Determination. International Sugar Journal, 107(1277), 302-307.

Kuitche A., Kapseu C., Foko E., 2000. Valorisation du savoir-faire local dans la mise en œuvre d'un séchoir, Actes du séminaire international sur le séchage et sur la valorisation du karité et de l'aiélé tenu à Ngaoundéré au Cameroun du 1er au 3 décembre 1999, édité par C. Kapseu et J. Kayem, pp. 303-313.

Larbi Zagdouni, CIHEAM - Options Mediterranéennes Vol. 2, n° 1.

Lavarack B.P., Hodgson J.J., Broadfoot R., Vigh S. et Venning J. (2004). Improving the Energy Efficiency of Sugar Factories : case Study for Pioneer Mill.International Sugar Journal, 106(1266), 337-343.

Lissane Elhaq S., Giri F. et Unbehauen H. (1999). Modelling, Identification and Control of Sugar Evaporation – Theoretical Design and Experimental Evaluation. Control Engineering Practice, 7(8), 931-942.

LU H.Q., Xie C.F., Yang R.F. et Qiu T.Q. (2005). Preventing Fouling in Evaporators Through Ultrasound. International Sugar Journal, 107(1280), 456-461.

MANTOVANI G. et VACCARI G. (2005). « Dossier Spécial Sucres – Nucleation et Ensemencement en Cristallisation Industrielle », *Industries Alimentaires et Agricoles*, 122(7-8), 11.

Manz U, Vanninen : Xylitol-its-properties and use as sugar substitute in foods (1973).

Martoyo T., Hino M., Nagase H. et Bachtiar A. (2000). Sugar Technology – Pilot Test on Ultrafiltration of Cane Raw Juice at the Indonesian Plantation White Kedawoeng Sugar Factory.Zuckerindustrie, 125(10), 787-792.

Meade G.P. (1963). Spencer-Meade Cane Sugar Handbook : A manual for Cane Sugar Manufacturers and their Chemists. John Wiley& Sons Inc. USA. 845 p.

Ministère de l'Agriculture et de la Réforme Agraire - Direction de la Production végétale - *Situation du secteur sucrier*, juin 1989.

Ministère du Plan–Direction de la Planification. Plan d'orientation pour le développement économique et social 1988-1992, Rabat, 1989.

Mohamed O., Le *sucre* : *production, commercialisation et usages dans la ..., books.google.cm* - 2008 - 809 pages.

Mohamed O., *Le sucrebooks.google.cm* - 2008 - 809 pages.

Musonge P., Kapseu C. and Nzie E. B.› Effects of the Application of Chemical Ripener Glyphosate on the StarchConcentration of Harvested Sugarcane, Sugar Journal, 56, 8, 1994, 20-22.

Ndong Essengue G., « Mise en œuvre de l'approche processus à l'usine SOSUCAM de Mbandjock », Mémoire de fin d'études Ingenieur des Industries Agricoles et Alimentaires, ENSAI, Université de Ngaoundéré, 2004, 77 pages.

Nielsen B.C. (2004).On-line Continuous Measurement of Colour in Sugar Factories.International Sugar Journal, 106(1261), 18.

Niepoth, K. (2005). Special Experience Gained With Failing-Film Plate Evaporators in the Sugar Industry. International Sugar Journal, 107(1277), 287-293.

Nzie E. B. Et Kapseu C., "Influence du glyphosate, des précipitations sur la maturation de la canne à sucre'' *Cahiers Agricultures*, 2, 2, 1993, 111-115.

Okuno M. et Tamaki H. (2002). Food Engineering and Physical Properties – A Novel Technique for the Decolorization of Sugarcane Juice. Journal of Food Science, 67(1), 236-238.

Olson B.C. et POPE G.M. (2004). Cane Supply and its Impact on Sugar Colour. International Sugar Journal, 106(1268), 426-435.

Pacheco C.R.F. et Frioni L.S.M. (2004). Experimental Results for Evaporation of Sucrose Solution Using A Climbing/Falling Film Plate Evaporator. Journal of Food Engineering, 64(4), 471-480.

Pacheco C.R.F. et Kurokawa E.C. (2004). Thermal Performance assessment of Roberts' Evaporators. International Sugar Journal, 106(1265), 270-272.

Paturau J.M. (1982). By-Products of the Cane Sugar Industry : An Introduction to Their Industrial Utilization. Elsevier Pub. Co. USA.436 p.

Pennington N.L. et BAKER C.W. (1990). Sugar : A User's Guide to Sucrose. AVI Book. USA. 331 p.

Perrier-Robert A. et Bernardin M.-P. (1999). Le Grand Livre du Sucre. Éditions SOLAR. FRANCE. 175 p.

Petriw D.M. (2005). Standard Liquor Filtration Using a Putsch Sibomat Filter. International Sugar Journal, 107(1277), 272-280.

Prakash O. et Tiwari G.N. (2005). Empirical Expressions for Convective and Evaporative Heat Transfer Coefficients for the Drying of Concentrated Sugar-cane Juice.International journal of Ambient Energy, 26(1), 45-55.

Ramjeawon T. (2000). Cleaner Production in Mauritian Cane-Sugar Factories. Journal of Cleaner Production, 8(6), 503-510.

Rane M.V., Jabade S.K. et Ingle T.S. (2005). Sugarcane Juice Concentration : A New Approach. International Sugar Journal, 107(1280), 476-478.

Regional training centre (2011), Cours internationaux en fabrication de sucre de canne, du 10 mai au 29 juillet 2011, Ile Maurice, 832 pages.

Ronna A., *Les industries agricoles :sucreriebooks.google.cm* - 1869 - 462 pages

Savaresi S.M., Bitmead R.R. et Pierce R. (2001). On Modelling and Control of A Rotary Sugar Dryer. Control Engineering Practice, 9(3), 249-266.

Sidney Mitz : The Place of Sugar in Modern History, (1986).

Sivers M : A Techno-Economical Comparison of three processes for the production of Ethanol from pine, (1995).

Sornay P. de. *La canne à sucre à l'Ile Maurice. books.google.cm* - 1920 - 677 pages – Extraits

Sun J. X, Sun X.F. Fractionnal Extraction and Structural bagasse Hemicellulosis Carbohydrate Polymers, (2004).

Teyssier R., La *Sucrerie books.google.cm*, - 19 ? ? - 183 pages

Walford S. N., Schaffle K.J. et Morel du Boil P.G. (2005). Chromatographic Solutions for Sugar Processing. International Sugar Journal, 107(1274), 90-103.

Wright P. G., Silva T. A. et Amador K. (2005). Improving the Process Steam economy in a Cane Sugar Factory : A Case History of A Successful Cogeneration Project. International Sugar Journal, 107(1279), 425-430.

Zamarreño J. M., Vega P., GarcÍa L. D. et Francisco M. (2000). State-space Neuronal Network for Modelling Prediction and Control. Control Engineering Practice, 8/9, 1063-1075.

WEBOGRAPHIE

1- DECLOUX M., Procédés de transformation en sucrerie

http ://www.techniques-ingenieur.fr/base-documentaire/procedes-chimie-bio-agro-th2/filiere-de-production-produits-d-origine-vegetale-42433210/procedes-de-transformation-en-sucrerie

2- http ://fr.wikipedia.org/wiki/Canne_a_sucre

3- Institut Canadien du Sucre. http ://www.sugar.ca

4- Agriculture et Agroalimentaire Canada.

http ://www.agr.gc.ca/misb/spec/index_f.php ?s1=bet&page=intro

5- Organisation des Nations Unies pour l'Alimentation et l'Agriculture – FAO.
http ://www.fao.org/es/ess/top/commodity.jsp ?lang=FR

6- Conférence des Nations Unies pour le Commerce et le Développement – CNUCED.
http ://r0.unctad.org/infocomm/francais/sucre

7- WIKIPÉDIA – Encyclopédie libre.
http ://fr.wikipedia.org/wiki/Canne_à_sucre

8- La Recherche sur la Canne à Sucre – Umr-PIA.

http ://umr-pia.cirad.fr/recherche/pcanne.html

9- Dossiers thématiques – La canne à sucre.

http ://perso.wanadoo.fr/lameca/dossiers/

10- L'Île de la Réunion

http ://www.mi-aime-a-ou.com/canne_a_sucre

11- WIKIPÉDIA – L'Encyclopédie Libre.

http ://fr.wikipedia.org/wiki/Portail :Plante_utile

12- Centre Technique Interprofessionnel de la Canne et du Sucre.http ://www.ctics.fr

13- Gouvernement de Queensland.
http ://www.dpi.qld.gouv.au/home/default.html

14- Groupe Fives-LILLE – Ingénierie Sucrière.

http ://www.fivescail.com/produits/fiche5.htm

15- Sucre Lantic. http ://www.lantic.ca/francais/index.html

16- United States Department of Agriculture – USDA

http ://www.nal.usda.gov/fnic/foodcomp/search/index.html

ANNEXES

Étude de cas

ÉTUDES DE CAS # 1 : CONTRIBUTION À LA REDUCTION DES PERTES À LA SUCRERIE RAFFINERIE DE CANNE[9]

KAPSEU C. [(1)] **; ALI AHMED** [(1)] **; TEDGA N.**

Affiliation(s) du ou des auteurs / Author(s) Affiliation(s)

[(1)] ENSIA AC, dép. génie procédés, Ngaoundéré, CAMEROUN

Résumé / Abstract

La production du sucre à partir de la canne entraîne des pertes principalement au chantier de cristallisation. L'objet de cette étude est de réduire ces pertes. L'analyse des produits circulants et la mise au point des équations de conservation permettent d'établir le bilan masse du chantier. Il apparaît que les pertes se trouvent dans la mélasse, dans la bagasse et dans les écumes. Ce travail montre que les appareils et les étapes qui concèdent le plus de pertes sont par ordre décroissant les suivants : la raffinerie, le jet A, l'épuration, le jet C et l'évaporation. Des solutions sont proposées pour limiter ces pertes

Revue / Journal Title

Journal of food engineering **ISSN** 0260-8774 **CODEN** JFOEDH

Source / Source

1993, vol. 20, n°1, pp. 45-53 (11 ref.)

---

[9]http ://cat.inist.fr/ ?aModele=afficheN&cpsidt=3759181

ÉTUDES DE CAS # 2 : INFLUENCE DU GLYPHOSATE ET DES PRÉCIPITATIONS SUR LA MATURATION DE LA CANNE À SUCRE[10]

Cahiers Agricultures. Volume 2, Numéro 2, 111-5, Mars-Avril 1993, Étude originale

Résumé

Summary

Auteur(s) : E. Biang Nzié, César Kapseu, Direction de la culture, Société sucrière du Cameroun (SOSUCAM), BP 857, Yaoundé, Cameroun, Département de génie des procédés, École nationale supérieure des industries agroalimentaires du Cameroun (ENSIAAC), BP 455, Ngaoundéré, Cameroun.

Sujet : agronomie, agriculture

Auteur : E. Biang Nzié, César Kapseu

Résumé : Cette étude se rapporte aux effets du glyphosate et du climat sur la maturation de la canne à sucre (variétés B46364 et B70532). L´abondance des pluies et la richesse en azote concourent à la croissance de la canne au détriment du stockage du saccharose. Au Cameroun, la campagne de récolte des cannes commence en fin de grande saison des pluies (août-novembre) et se termine en fin de petite saison des pluies (avril-juin). La teneur en sucre a tendance à diminuer au cours de ces périodes. L´application, au cours de la petite saison des pluies, du mûrisseur Round up® ayant le glyphosate comme matière active (270 g/ha), a permis un gain de sucre de 1 t/ha.

Editeur : Editions John Libbey Eurotext

Format : pdf

Catégorie : Article

Disciplines : Agronomie

Contenu original : http ://www.jle.com/e-docs/resume.phtml ?cle_doc=00041BCF

Provenance : http ://doc.refer.org/

---

[10]http ://www.jle.com/fr/revues/agro_biotech/agr/e-docs/00/04/1B/CF/article.phtml

ÉTUDES DE CAS # 3 : YIELDS OF DIFFERENT SUGARCANE VARIETIES IN CAMEROON[11]

Nzie, E. Biang ; Kapseu, C., 1999 : Yields of different sugarcane varieties in Cameroon. Cahiers Agricultures 8(1) : 67-69

Through selection, we identified sugarcane (Sacharum officinarum) varieties with good yields, resistance to borers (Eldena saccharina Walker) and with higher than 15% fiber content (critical level for factory energy self-sufficiency). The study was carried out during eight sugarcane campaigns, and the following varieties gave good yield results : B70.462, B46.364, B70.532 and Co740 in decreasing order. In terms of borer resistance, the results were as follows : B70.462, B46.364, B70.532, Co740 and B51.129 in decreasing order. Varieties B46.364, Co740 and B70.462 (in decreasing order) presented sufficient fiber content. B46.364 and B70.462 presented the best features for industrial development in Cameroonian conditions.

ÉTUDES DE CAS # 4 : CHANGEMENT DE MASSE CUITE PENDANT LE MÉLANGE DANS UNE USINE DE SUCRE DE CANNE CAMEROUNAISE[12]

Kapseu, C. ; Ayong, P. ; TEDGA, N., 1994 : « Changement de masse cuite pendant le mélange dans une usine de sucre de canne camerounais ». Journal of Food Engineering. 23 (3) : 397-401

La masse cuite à partir d'une fabrique de sucre de canne composée de liqueur mère et des cristaux de sucre, est principalement influencée par le pH, la pureté et le moment du mélange. La séparation de la masse cuite après mélange donne un sucre brun rougeâtre et la mélasse. Le temps de mélange dépend de la pureté de la masse cuite et varie d'un mélangeur à mélangeur. Le pH varie très peu pendant le mélange. La pureté de la

[11]http ://eurekamag.com/research/011/659/yields-diverse-sugarcane-cultivars-cameroon.php

[12]http ://eurekamag.com/research/002/575/change-massecuite-mixing-cameroonian-cane-sugar-factory.php

masse cuite et de la mélasse sont respectivement de 63,2 et 38,4%. Le contrôle de la pureté de la liqueur mère détermine le temps de mélange approprié.

ÉTUDES DE CAS # 5 : THE EFFECT AND REMOVAL OF STARCH IN THE SUGAR REFINING INDUSTRY[13]

Author : ANYANGWA EM ; KAPSEU C ; MUSONGE E ; MUSONGE P ;

Abstract

Starch is eliminated by alpha-amylase from the bacterium Bacilius licheniformis in the conditions encountered in a Cameroonian sugar cane factory. The starch content increases during the sugar crystallisation process, doubling from refined sugar 1 to refined sugar 3. The optimumconditions for use of the enzyme are : temperature 80 - 95-degrees-C, pH 5.0 - 7.0 and a reaction time of 30 min. The relative activity of the alpha-amylase increases with the concentration of the enzyme. The interaction between these parameters and Brix is discussed.

Rendement de la canne à sucre au Cameroun en fonction de la variété

Sujet : agronomie, agriculture

Auteur : Emmanuel Biang N´zie, César Kapseu

Résumé : Through selection, we identified sugarcane (Sacharum officinarum) varieties with good yields, resistance to borers (Eldena saccharina Walker) and with higher than 15% fiber content (critical level for factory energy self-sufficiency). The study was carried out during eight sugarcane campaigns, and the following varieties gave good yield results : B70.462, B46.364, B70.532 and Co740 in decreasing order. In terms of borer resistance, the results were as follows : B70.462, B46.364, B70.532, Co740 and B51.129 in decreasing order. Varieties B46.364, Co740 and B70.462 (in decreasing order) presented sufficient fiber

---

13http ://cat.inist.fr/ ?aModele=afficheN&cpsidt=4846612

content. B46.364 and B70.462 presented the best features for industrial development in Cameroonian conditions.

Editeur : Editions John Libbey Eurotext

Format : pdf

Catégorie : Article

Disciplines : Agronomie

Régions : Afrique centrale et des Grands-Lacs

Contenu original :
http ://www.jle.com/e-docs/resume.phtml ?cle_doc=0000676E

Provenance : http ://doc.refer.org/

Influence du dextrane sur la filière sucrière au Cameroun

Sujet : agronomie, agriculture

Auteur : César Kapseu, Samuel Kambou, Victor Toko, Nicolas Tedga

Editeur : Editions John Libbey Eurotext

Format : pdf

Catégorie : Article

Disciplines : Agronomie

Régions : Afrique centrale et des Grands Lacs

Contenu original :
http ://www.jle.com/e-docs/resume.phtml ?cle_doc=00041B42

Provenance : http ://doc.refer.org/

ÉTUDE DE CAS # 7 : MÉTABOLISME DU SUCRE[14]

PRÉSENTATION

Métabolisme du sucre, ensemble des réactions chimiques de synthèse et de dégradation du sucre dans un organisme.

Les glucides, l'un des trois principaux composants des aliments, forment la plus grande partie de l'alimentation humaine moyenne. Le résultat final de la digestion et de l'assimilation de toutes les formes de glucide est un sucre simple composé de six carbones appelé glucose. Le métabolisme des graisses et des protéines conduit parfois également à la production de glucose. Ce sucre est la principale source d'énergie utilisée par les cellules d'un organisme, quel que soit l'organe considéré (muscles, cerveau, cœur, etc.). On le retrouve dans pratiquement tous les compartiments liquidiens (sang, lymphe, liquides interstitiels, etc.) et dans toutes les cellules. Son métabolisme, sa libération et son stockage comptent parmi les processus les plus importants de la physiologie humaine ou animale. Quelques sucres ont une importance comparativement mineure, en particulier le lactose, ou sucre du lait, qui est fabriqué dans les glandes mammaires de tous les animaux allaitants.

DIGESTION, ASSIMILATION ET STOCKAGE

Les glucides tels que l'amidon, la dextrine, le glycogène, le sucrose (sucre de canne), le maltose (sucre de malt) et le lactose sont décomposés dans le tube digestif en sucres plus simples, à six atomes de carbone qui peuvent facilement traverser la paroi intestinale. Le fructose (sucre de fruit) et le glucose ne sont pas transformés, mais absorbés tels quels. La cellulose, constituant majeur de nombreux aliments, est un élément nutritionnel important pour certains animaux comme les herbivores. Dans la nutrition humaine, elle n'est pas digérée et n'a aucune valeur énergétique, mais elle facilite le transit des aliments dans le tube digestif.

La digestion des glucides est réalisée par plusieurs enzymes. L'amylase de la salive et de l'intestin décompose l'amidon, la dextrine et le glycogène en maltose, un sucre à douze carbones. D'autres enzymes de l'intestin grêle décomposent les sucres à douze carbones en sucres à six carbones. La maltase transforme le maltose en glucose. L'invertase

[14]Microsoft ® Encarta ® 2009.

décompose le sucre de canne en glucose et en fructose. La lactase transforme le sucre du lait en glucose et en galactose.

Les sucres à six carbones, produit final de la digestion des glucides, traversent la paroi de l'intestin grêle pour rejoindre des vaisseaux sanguins. Ils sont ensuite transportés par la veine porte qui les véhicule jusqu'au foie. Dans cet organe, ils sont convertis en glycogène (voir Amidon), pour être stockés. En cas de besoin de l'organisme, ce glycogène est retransformé en glucose, puis libéré dans le sang. L'acide lactique est un des produits de la dégradation du glucose lorsque celui-ci est utilisé dans les muscles. Cet acide est également capté par le foie pour être converti en glycogène.

ENZYMES ET HORMONES

La transformation du glucose en glycogène est catalysée par un certain nombre d'enzymes. La phosphorylase est responsable de la sécrétion de glucose-1-phosphate à partir du glycogène. Cette transformation est contrôlée par des hormones : l'adrénaline et le glucagon. Le glucose-1-phosphate est ensuite converti en glucose-6-phosphate pour être soit métabolisé, soit converti en glucose libéré dans le sang. Le captage du glucose par les cellules est stimulé par l'insuline. De nombreuses autres hormones interviennent pour contrôler le métabolisme du glucose comme la thyroxine ou les hormones corticosurrénales et hypophysaires. Toutefois, leur mécanisme d'action est encore largement méconnu.

GLYCÉMIE ET GLYCOSURIE

En cas de trouble de la régulation hormonale, le taux de glucose sanguin, appelé glycémie, peut être anormalement élevé, jusqu'à 4 fois supérieur à la normale. L'hyperglycémie est un des symptômes d'une grave maladie : le diabète sucré. L'augmentation de la glycémie n'est pas mortelle en elle-même, mais entraîne de graves troubles métaboliques par accumulation de substances toxiques. Le diabète a pour origine un dysfonctionnement du pancréas, par exemple à cause d'une tumeur. Dans ce cas, le pancréas ne produit plus ou plus assez d'insuline. Pour pallier ce déficit hormonal, les patients atteints de diabète sucré doivent régulièrement s'injecter de l'insuline afin de réguler leur glycémie.

Si une quantité excessive d'insuline est injectée dans l'organisme, le taux de sucre diminue jusqu'à un niveau dangereusement bas et provoque un choc insulinique. Le choc insulinique est parfois utilisé pour le traitement de certaines maladies mentales.

En cas d'hyperglycémie, le glucose excédentaire est éliminé dans les urines (glycosurie). Hyperglycémie et glycosurie ne sont pas des symptômes fiables pour affirmer la présence d'un diabète. Toutes deux peuvent survenir chez n'importe qui après un repas très abondant. Par contre, la tolérance au glucose est un examen plus spécifique. Après l'ingestion de sucre, tous les individus, qu'ils soient diabétiques ou non, présentent une augmentation du taux de glucose sanguin. Mais ce taux reste élevé chez le diabétique tandis qu'il baisse rapidement chez les autres.

FERMENTATION

Le métabolisme du sucre de la levure, un champignon microscopique, est très comparable à celui existant chez l'Homme. La levure dispose d'un complexe composé de douze enzymes appelé zymase, pour extraire l'énergie glucose. La plupart de ces enzymes, dont l'hexokinase, sont identiques à celles qui participent au métabolisme du glucose chez l'Homme. La principale différence se produit à la fin de la chaîne de réactions. Dans notre organisme, le produit de décomposition du glucose appelé acide pyruvique est converti en acide lactique tandis qu'il est transformé en alcool éthylique par la zymase des levures. *Voir* Fermentation.

Le métabolisme des sucres n'est pas encore totalement élucidé. Les recherches biochimiques actuelles utilisent très largement les techniques de marqueurs isotopiques. Ces marqueurs, comme le carbone 14 radioactif permettent de suivre dans tout l'organisme le devenir des sucres et d'analyser leur composition chimique étape après étape.

ÉTUDE DE CAS # 8 : SUCRE DE CANNE, BIOLOGIQUE ET ÉQUITABLE[15]

La carie est une maladie relativement jeune (300 ans) mais aujourd'hui tellement répandue qu'elle semble être normale. Or, l'homme n'est nullement prédisposé à perdre ses dents, il peut garder intacte sa dentition jusqu'à un âge avancé. La consommation d'aliments raffinés (sucre blanc,

[15] www.raiponce.fr

farine blanche) qui sont très pauvres en vitamines, sels minéraux et oligoéléments, est la principale responsable de la carie dentaire. Le sucre complet contient toutes les vitamines du jus de canne et 1500 à 2800mg de sels minéraux pour 100g. Il agit dans la bouche. Le potassium, le magnésium et le calcium sont importants pour limiter l'acidité de la salive. Or, il est connu que la carie se développe dans un milieu acide. Et il agit surtout dans l'organisme : les dents contiennent comme les os du calcium et du phosphore. Le sucre complet fournit une partie des besoins du corps tandis que le sucre blanc en est dépourvu. La prévention proposée est relativement facile : l'étude du Docteur Béguin démontre qu'une alimentation avec du sucre complet et des céréales complètes, tous deux riches en sels minéraux, vitamines et oligo-éléments, permet de garder des dents parfaitement saines. Il a présenté son étude au premier congrès mondial de Prévention buccodentaire à Paris en 1987, voici les dernières phrases de son exposé : *"Une grande étape du chemin reste encore à faire : convaincre les mamans, dans tous les pays du monde, pour qu'elles nourissent leurs enfants d'aliments non abîmés par le raffinage. Il faut conserver les sels minéraux, les oligo-éléments et les vitamines dans tous les aliments que la nature nous donne, et l'humanité à venir retrouvera les bonnes dents prévues dans le plan de la création".*

COMPLET, BRUT, ROUX, BLANC DE CANNE OU DE BETTERAVE

Le sucre se présente sous multiples formes et appellations : en poudre ou en morceaux, de betterave ou de canne à sucre, complet, brut, roux ou cristallisé. L'analyse nutritive démontre que derrière les appellations différentes, on trouve des réalités simples : un sucre complet contient pour 100 g entre 1,5 et 2,8 g d'oligo-éléments et sels minéraux, le sucre roux en contient entre 0,25 et 0,5 g et le sucre blanc (de canne ou de betterave) des traces infimes, entre 0,03 et 0,05g.

La teneur en oligo-éléments du sucre complet lui confère une saveur plus riche que celle du sucre blanc ou roux.

Analyses comparatives

Soumises à variations naturelles. Pour 100 g de sucre.

	sucre blanc	sucre roux	sucre complet Rapadura
saccharose	99,6 g	96 - 97 g	74 - 92 g
glucose	0 g	0,1 g	2,11 g
fructose	0 g	0,1 g	3 - 12 g
eau	0,05 g	1 à 2 g	2 à 4 g
Sel minéraux	30 à 50 mg	330 à 740 mg	1500 à 2800 mg
potassium	3 - 5 mg	15 - 150 mg	600 à 1100 mg
magnésium	0 mg	13 - 23 mg	60 à 130 mg
calcium	10 - 15 mg	75 - 95 mg	40 à 110 mg
phosphore	0,3 mg	3 - 4 mg	14 à 100 mg
fer	0,1 mg	0,5 - 1,3 mg	4 à 40 mg
Vitamines			
provit. A	0 mg	0 mg	3,9 mg
vitamine B1	0 mg	0,01 mg	0,14 mg
vitamine B2	0 mg	0,006 mg	0,14 mg
vitamine B6	0 mg	0 mg	0,4 mg
vitamine C	0 mg	0 mg	38 mg

Source : 84300 CAVAILLON - TÉL. 04 32 50 07 30,
raiponce@raiponce.fr - www.raiponce.fr

ÉTUDE DE CAS # 9 : QUELQUES DONNÉES SUR LE SUCRE

1.1 ORIGINE DES SUCRES

Plantes à chlorophylle ⇒ production des glucides (''sucre'') à partir de l'eau et de dioxyde de carbone en utilisant l'énergie lumineuse (hν) = photosynthèse.

$$6CO_2 + 6H_2O \xrightarrow{\text{Lumière 674 kcal}} C_6H_{12}O_6 + 6CO_2$$

♦♦♦

Il existe plusieurs sucres dans toutes les plantes vertes, de nature et des quantités variables d'une plante à l'autre.

Production de sucre érable, palme, datte, canne → artisanat

Canne, betterave → industrie, grande quantité de saccharose, facile à cristalliser donc à extraire et à conserver sous forme solide.

*** Saccharose : $C_{12}H_{22}O_{11}$**

Glucose + Fructose $\longrightarrow$ saccharose

($C_6H_{12}O_6$) ($C_6H_{12}O_6$) ($C_{12}H_{22}O_{11}$)

En sucrerie ''sucre'' désigne uniquement le saccharose, les autres sucres sont des impuretés '(NON SUCRE).

1.2 IMPORTANCE DANS LE MONDE ET AU CAMEROUN

1.2.1 Production

Chiffre 86 – 87 : 104 millions de tonnes dans le monde, 60 % de canne pour 40 % de betterave dans près de 2500 usines.

114 pays producteurs : canne72 betterave : 34

Canne + betterave 8 (Chine, USA, Uruguay, ...)

Chiffres sucre en 1986 (Quantité) en millions de tonnes.

*** Classement vers 1980**

Pays	Production (en millions de tonnes)
1. Brésil	/
2. Inde	/
3. Cuba	/
4. URSS	/
5. USA	/
6. France	/
7. Monde	104

Evolution de la production sucrière dans le monde pour quelques pays leader

Années / Pays	Production 1986	Production 1996	Production 2000	Production 2010
1. Brésil	8,47	14,775	14,5	38,2
2. Inde	7,60	18,225	18 ,935	26,6
3. Cuba	7,35	4,446	4,134	
4. Chine	6,34	7,765	7,8	11,4
5. USA	5,89	6,536	7,72	7,1
6. Mexique	4,03	4,378	4,984	5,5
7. France	3,73	4,543	4,551	
8. Australie	3,36	4,833	5,778	3,5
9. Thaïlande	2,59	6,087	5,721	7,1

Source : www.faostat.org

Données sur le Cameroun en 2012 :

Récolte : 1,2 million de tonnes de canne à sucre

Production annuelle de sucre raffiné : 130 000 tonnes

Source : Société Sucrière du Cameroun

*** La production au Cameroun en 1986 (⇒autosuffisance)**

75 000 t de sucre à partir des cannes locales

*** CAMSUCO (Cameroon Sugar Company Inc)**

- Création : mars 1975
- Capital 10,6 milliards de FCFA
- Etat (53,2 %), SNI (35,6 %), CNPS (65 %) + 99 autres (Total < 3 %)
- Superficie cultivée 6536 ha soit 520 000 t
- Production 85 – 86 : 45 000 tonnes de sucre (en baisse)
- Chiffre d'affaires : 8,8 milliards de FCFA
- Effectifs : 3000 agents permanents
- Siège : NKOTENG

*** SOSUCAM (Société Sucrière du Cameroun)**

- Création : juin 1965
- Capital : 2 milliards de FCFA
- Société privée
- Superficie cultivée : 5000 ha soit 3999 900 tonnes
- Production 85 – 86 : 29 000 tonnes de sucre (en hausse)
- Effectifs : 2000 personnes
- Siège : MBANDJOCK

*** NOSUCA (Nouvelle sucrerie du Cameroun)**

- Pas de culture de production, mais uniquement le raffinage (sucre blanc)
- Production 85 – 86 : 5 à 10 000 tonnes
- Siège : Douala (Bonabéri)

1.2.2 Consommation

Consommation croissante avec hausse de revenu : actuellement, plus de 1,5 % par an. Mais en fait, la consommation industrielle qui croît le plus. Actuellement, 60 % du sucre est consommé par les industries agroalimentaires (le plus souvent en sirop). Consommation inférieure à la production (85 – 86) stock 38.10^6 tonnes. Il existe des écarts importants.

Année	Consommation (en Kg/hab)
1900	5,1
1950	11,9
1980	20,1

Consommation du sucre blanc 86 Kg/ha.

Pays	Consommation (en Kg/hab)
Cuba	60,7
Costa Rica	55,8
Israël	53,8
Singapour	51,5
Trinidad & Tobago	50,3
Gambie	43,5
Barbadas	42,3

Pays de l'Est (40 259)

Bulgarie	48,6
URSS	/4,8
Yougoslavie	41,1
7. Monde	104

Pays de l'Ouest

France	39,7
RFA	35,1
USA	27
Espagne	23,5

Pays du Maghreb

Maroc	30,3
Algérie	23,6
Tunisie	21,2
Pays	**PVD < 10 Kg (en Kg/hab)**
Cameroun	6,6
Tchad	3,2
Mali	5,0
Burkina	4,6
Chine	5,1
Zaïre	2,5
Nigeria	6,1
Cambodge	0,6

1.2.3 Commerce mondial

Les échanges portent sur 28 millions de tonnes (sur 10 ha). On démontre 8 principaux exportateurs, soit 70 % et 7 principaux importateurs, soit 50 %.

- Il existe 3 courants principaux (50 % des échanges)

- COMECOM - CUBA
- CEE – ACP (Lomé)
- USA – Amérique latine et Philippines

À prix garantis sur quotas, 3 à 5 fois supérieurs au prix (envolé) mondial

- 1974 65 cents la livre
- 1986 : 2,35 cents la livre
- 1987 6 cents la livre

♦ **Commerce 28 millions de tonnes**

% de production			
Exportation		**Importation**	
1	Cuba : 6,7 millions de tonnes (91 %)	1	URSS : 5,18 millions de tonnes
2	Australie : 2,5 (74 %)	2	USA 1,9
3	Brésil : 2,4 (28 %)	3	Japon 1,8
4	France : 2,2 (59 %)	4	Grande Bretagne : 1,3
5	Thaïlande : 1,99 (77 %)	5	Canada 1,2
6	RFA : 1,1 (32 %)	6	Chine : 1,9

Prix à Paris (Quiet) 1905/316F/t, 68/200, 70/485, 73/100, juin 74/1600, 22 novembre/8650, fin décembre/3820, 75/2393, 76/1516, 77/1035 ; 78/915, 70/1089, 80/2984, 81/2407, 82/1619, 83/1916, 84/1477, 85/1330, 86/1362, 87/1168.

	Pouvoir sucrant	**Pouvoir calorifique (Kcal/100 g)**	**Utilisations**
Maltinol	20	350	Produits allégés
Lactinol	40	200	Produits allégés (PA)
Sorbitol	60	380	(PA) Médicaments
Lactose	60	390	Médicaments (M)
Glucose	60	400	
Mannitol	70	200	(PA) Médicaments
Maltose dextrines	70	400	
Saccharose	100	400	
Practose	130	400	Produits allégés
Aspartam	20 000	380	(PA) sucrettes boissons
Acesulfame K	20 000	0	Boissons
Saccharine	40 000	0	Boisson-sucrette
Thanmatine	100 000	0	Boisson - Confiserie

1.3 LES CONCURRENTS DU SUCRE

Le saccharol n'est pas la seule molécule ayant un goût sucré, d'autres composés peuvent remplacer le sucre pour le goût.

- **Edulcorant**

On appelle édulcorant toute substance ayant un goût sucré. Il existe deux types : les édulcorants de masse et les édulcorants intenses.

*** Notion de pouvoir sucrant (PS)**

100 = saccharose

- **G Masse**

Pouvoir sucrant du même ordre de grandeur que le saccharose, pouvoir calorifique idem. Le plus souvent les sucres (fructose, glucose, maltose) ou des polyols (sorbitol, maltitol) cas des sirops de glucose, de fructose.

Amidon $\xrightarrow{\text{hydrolyse}}$ Glucose $\rightarrow$ Glucose + Fructose

Possibilité élevée du fructose pour la fixation sur la résine, pouvoir sucrant élevé avec le fructose.

Avantages : diabète, carie, texture, médicaments.

Edulcorants intenses : pouvoir sucrant très supérieur au saccharose, pouvoir calorifique faible voire … au bout … peu de calories pour une même : expression sucrée. Tous les produits de synthèse aspartam, saccharide…).

Avantages ; diabète, carie, produits allégés (…).

EXERCICES D`APPLICATION

Exercice 1 :

1. Le terme « sucre » regroupe l'ensemble :

a) Des oses
b) Des osides
c) Des holosides et hétérosides
d) Toutes les assertions sont justes

2. Les oses sont composés de :

a) Pentose
b) Hexose
c) Glucose et fructose
d) Toutes les assertions sont justes

3. Les holosides sont :

a) Des diholosides
b) Des triholosides
c) Des oligosaccharides
d) Toutes les assertions sont justes

4. Les polysaccharides sont constitués de :

a) Amidon
b) Glycogène
c) Cellulose
d) Toutes les assertions sont justes

5. Les hétérosides sont constitués de :

a) Tanin et lignine
b) Galactose
c) Lactose
d) Toutes les assertions sont justes

6. Le saccharose est :

a) Disaccharide
b) Un diholoside

c) Oligosaccharide non réducteur
d) Toutes les assertions sont justes

7. Le saccharose cristallise à l'état pur
a) En prismes hexagonaux
b) En prismes rhomboïdaux
c) Sous forme de parallélépipède
d) Aucune assertion n'est juste

8. L'extraction du sucre de canne se fait par :
a) Diffusion
b) Imbibition
c) Inversion
d) Toutes les assertions sont justes

9. L'évaporation en sucrerie (SOSUCAM) se fait avec :
a) 2 effets
b) 3 effets
c) 5 effets
d) Aucune assertion n'est juste.

Solution 1 :

1. **Le terme « sucre » regroupe l'ensemble :**
d) Toutes les assertions sont justes

2. **Les oses sont composés de :**
d) Toutes les assertions sont justes

3. **Les holosides sont :**
d) Toutes les assertions sont justes

4. **Les polysaccharides sont constitués de :**
d) Toutes les assertions sont justes

5. **Les hétérosides sont constitués de :**
a) Tanin et lignine

6. **Le saccharose est :**
d) Toutes les assertions sont justes

7. **Le saccharose cristallise à l'état pur**

b) En prismes rhomboïdaux

8. **L'extraction du sucre de canne se fait par :**

a) Diffusion

b) Imbibition

9. **L'évaporation en sucrerie (SOSUCAM) se fait avec :**

c) 5 effets

Exercice 2 :

Un cristalliseur est alimenté avec 100 kg d'une solution concentrée de sucre (S) renfermant 85 % de saccharose, 14 % d'eau et le reste étant des impuretés. Après le refroidissement, le sucre se cristallise de la solution. Le mélange de cristaux (c) et de liqueur-mère (M) est séparé de saccharose. Les cristaux obtenus comportent 20 % massique d'un liquide ayant la même composition que la liqueur-mère

ii. Faire un schéma simplifié

ii. Etablir les équations de bilan total et de bilan matière

ii.1 Bilan total

ii.2 Bilan de saccharose

iii.3 Bilan de l'eau

iv. Bilan des impuretés

Solution :

Solution 2 :

i. Faire un schéma simplifié

c cristaux 30 % / m

solution concenntrée de sucre CRISTALLISEUR → CENTRIFUGEUR → (c, M)

M liquide mère 60 % de saccharose

ii. Etablir les équations de bilan total et de bilan matière

ii.1 Bilan total

Bilan total: S=M+C

Bilan par matière :

1) Saccharose : $0{,}85\ S = 0{,}6\ M + (0{,}2 \times 0{,}6 + 0{,}8)C$

2) Eau : $0{,}14\ S = (0{,}4 - x)M + (0{,}4 - x) \times 0{,}2C$

3) Impureté : $0{,}01S = xM + 0{,}2xC$

Avec x = fraction massique de l'impureté dans la liqueur-mère.

Exercice 3 :

Un corps dont la cinétique de séchage est illustrée par le tableau ci-dessous (dans la zone de vitesse décroissante), est séché de 25 à 6 % d'humidité dans les mêmes conditions. Le poids initial du corps humide est de 160Kg et la surface de séchage (d'échange) est de 1m²/40kg (base sèche).

Déterminer la durée de séchage. On donne $X_c = 0,2$ et $N_c = 0,30.10^{-3}$

X=kg humidité/kg produit	0,20	0,18	0,16	0,14	0,12	0,10	0,09	0,08	0,07	0,064
10^{-3}*N(kg/m²/s	0,300	0,266	0,239	0,208	0,180	0,150	0,097	0,070	0,043	0,025

Solution 3 :

On sait que $\frac{M_S}{A} = 40$kg/m²

à 25% d'humidité, $x_1 = 0,25/(1-0,25) = 0,333$ kg humidité/kg de solide sec

$x_1 = 0,333$

à 6 % d'humidité, $x_2 = 0,06 / (1-0,06) = 0,064$kg d'humidité/kg solide sec

$x_2 = 0,064$

On a :

* $x_1 > x_c$

et donc, la zone de vitesse constante va de $x_1 = 0,333$ à $x_c = 0,20$

$0,333 > 0,20$

* $x_2 < x_c$

et la zone de vitesse décroissante va de $X_1 = 0,20$ à $X_2 = 0,064$

$0,064 < 0,20$

dans ce problème, les deux zones sont prises en compte :

a) zone de vitesse constante.

$x_1 = 0,333$ et $N_c = 0,30.10^{-3}$

$x_c = 0,20$

donc $t_1 = Ms/A.N_c.(x_1-x_c)$

$= 40.(0,333-0,20)/1*0,30.10^{-3}$

$= 17730s$

b) zone de vitesse décroissante (cas général)

$x_c = 0,20$

$x_2 = 0,064$

on dresse le tableau en $\frac{1}{N}$ et on trace $\frac{1}{N} = f(X)$

X	0,20	0,18	0,16	0,14	0,12	0,10	0,09	0,08	0,07	0,064
$1/N.10^{-3}$	3,33	3,76	4,18	4,80	5,55	6,67	10,3	14,3	23,3	40

L'aire sous la courbe $\frac{1}{N} = f(X)$ est de 1060 ; soit $t_2 = 40/1* 1060 =$ 42400 secondes ;

car $1060 = \int \frac{dX}{N}$ et $t_2 = \frac{M_S}{A}\int \frac{dX}{N}$.

soit le temps total est de :

$t_{total} = t_1 + t_2 = (17730 + 42400)$ secondes

t_{total} = 16,7heures

Par ailleurs, on sait que (en traçant $N = f(X)$) la vitesse décroissante est linéaire dans la seule zone $X_c = 0,20$ à $x = 0,1$ et s'incurve de $x = 0,1$ à $x = 0,014$. On peut donc utiliser de $x_c = 0,2$ à $x_D = 0,1$ la formule

$$t = \frac{M_S}{A}.(N_C - N_D)(x_C - x_D)Ln\left(\frac{N_C}{N_D}\right)$$

$$= \frac{40}{1}.(0,3 - 0,15).10^{-3}(0,2 - 0,1)Ln\left(\frac{0,3.10^{-3}}{0,15.10^{-3}}\right)$$

$t = 18,500$ secondes

et l'intégration graphique allant de $x_D = 0,1$ à $x_E = 0,064$ permet d'obtenir t = 23.940 secondes.

$t_{total} = t_1 + t_2^{'} = 17{,}730 + 42{,}440$; soit un supplément de 40 secondes.

Si par contre on considère par approximation que de $x_C = 0{,}20$ à $x_E^* = 0{,}064$ la vitesse est linéaire. On peut utiliser :

$$t_2^{''} = \frac{M_S}{A.N_c\left[\dfrac{x_C - x^*}{x_1 - x_E}\right]}.Ln\left(\frac{x_C - x^*}{x_2 - x^*}\right)$$

on aura donc :

$t_2^{''}$ =40/1[(0,2-0,05)/0,3.10^{-3}]Ln((0,2-0,05/0,064-0,05))

$t_2^{''} = 47430$ **secondes** ; soit un supplément de 5030 secondes.

Exercice 4 : Bilan thermique d'un évaporateur 5 effets

On concentre en 5 effets 100 tonnes/heure (t/h) de jus de 13 à 65 brix en effectuent les prélèvements de vapeur P_1=9 t/h, P_2=3 t/h, P_3=5 t/h, P_4=5 t/h et P_5=0 t/h. On dispose pour alimenter ce multiple effet de 20 t/h de vapeur d'échappement de turbo-alternateur et d'un thermo compresseur (Z=1,4). Calculer le débit de vapeur vif nécessaire, le brix des jus sortant de chaque effet

Faire le schéma, illustrer vos résultats par un tableau.

Solution 4 :

Faisons le schéma illustrant le problème

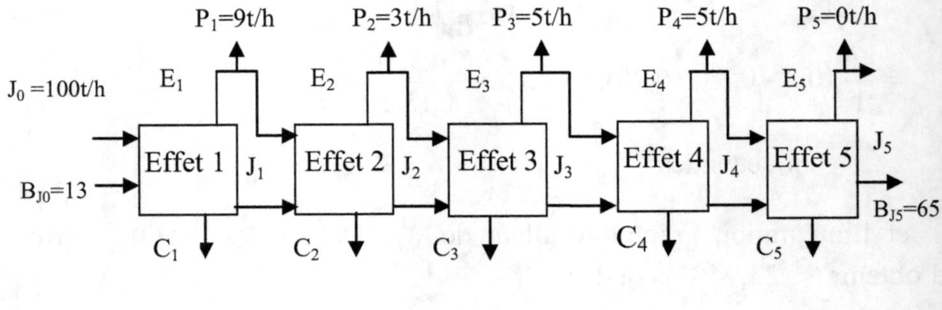

Soient :

E : eau à évaporer, C : fuites du condensat, V_0 : vapeur fournie.

➢ Calculons le débit de vapeur à comprimer et le débit de vapeur vive nécessaire

Le long de l'évaporateur à multiple effet, il y'a conservation de la matière sèche. On peut donc écrire :

$J_0B_0 = J_1B_1 = J_2B_2 = J_3B_3 = J_4B_4 = J_5B_5$ (1)

La quantité d'eau totale évaporée est de : $E_t = J_0 - J_5$ (2)

Sachant que $J_0B_0 = J_5B_5$, on peut tirer J_5 de cette relation et on obtient

$J_5 = \frac{j_o B_o}{B_5}$

En introduisant l'expression de J_5 dans E_t, on obtient :

$$E_t = J_0 \left(1 - \frac{B_o}{B_5}\right) \qquad (3)$$

AN : $E_t = 100(1 - 13/65)$

E_t = 80 t/h

Calcul des fuites du condensat (C)

Les quantités d'eau évaporées aux niveaux 1, 2, 3, 4 et 5 sont respectivement :

E_1, E_2, E_3, E_4, et E_5

$E_1 = E_2 + P_1$; $E_2 = E_3 + P_2$; $E_3 = E_4 + P_3$; $E_4 = E_5 + P_4$; $E_5 = C + P_5$

$E_1 = C + P_5 + P_4 + P_3 + P_2 + P_1$ (4)

$E_2 = C + P_5 + P_4 + P_3 + P_2$ (5)

$E_3 = C + P_5 + P_4 + P_3$ (6)

$E_4 = C + P_5 + P_4$ (7)

$E_5 = C + P_5$ (8)

Sachant que $E_t = E_1 + E_2 + E_3 + E_4 + E_5$ (9)

Donc $E_t = 5C + 5P_5 + 4\,P_4 + 3P_3 + 2P_2 + P_1$ (10)

$$C = \frac{1}{5}\ (E_t - 5P_5 - 4\ P_4 - 3P_3 - 2P_2 - P_1) \qquad (11)$$

$$AN : C = \frac{1}{5}\ (80 - 0 - 20 - 15 - 6 - 9)$$

$$\mathbf{C = 6\ t/h}$$

Connaissant **C** et en utilisant l'équation de la conservation de la matière sèche au cours de l'évaporation, déterminons les différentes quantités d'eau évaporées et le brix de jus sortant dans chaque effet.

Ces quantités d'eau sont données par les équations (4) à (8) et en faisant l'application numérique, nous avons :

$E_1 = 6 + 0 + 5 + 5 + 3 + 9 = 28$ t/h

$E_2 = 6 + 0 + 5 + 5 + 3 = 19$ t/h

$E_3 = 6 + 0 + 5 + 5 = 16$ t/h

$E_4 = 6 + 0 + 5 = 11$ t/h

$E_5 = 6 + 0 = 6$ t/h

Calcul des J

$$\mathbf{J_1} = J_0 - E_1 = 100 - 28 = \mathbf{72\ t/h}$$

$$\mathbf{J_2} = J_1 - E_2 = 72 - 19 = \mathbf{53\ t/h}$$

$$\mathbf{J_3} = J_2 - E_3 = 53 - 16 = \mathbf{37\ t/h}$$

$$\mathbf{J_4} = J_3 - E_4 = 37 - 11 = \mathbf{26\ t/h}$$

$$\mathbf{J_5} = J_4 - E_5 = 26 - 6 = \mathbf{20\ t/h}$$

Calcul du brix de jus sortant de chaque effet

De l'équation (1), nous obtenons

$$B_1 = B_0\ (J_0/J_1)\ (17)$$

AN :

$B_1 = \frac{1}{5} = 18,05$; $B_2 = \frac{13 \times 100}{72} = 24,53$; $B_3 = \frac{13 \times 100}{37} = 35,13$

$B_4 = \frac{13 \times 100}{26} = 50$; $B_5 = \frac{13 \times 100}{20} = 65$

Ceci nous permet d'avoir le tableau suivant :

Indice	E (tonne/heure)	P (tonne/heure)	J (tonne/heure)	B
0	28	/	100	13
1	28	9	72	18,05
2	19	3	53	24,53
3	16	5	37	35,13
4	11	5	26	50
5	6	0	20	65

Le débit de vapeur à comprimer est de $V_0 = 28$ t/h

Exercice 5 :

On concentre en 5 effets, 100 t/h de jus de 13 à 65 Brix en effectuant les prélèvements de vapeur $P_1 =$ t/h $P_2 = 3$ t/h $P_3 = 5$ t/h $P_4 =$ 5t/h $P_5 = 0$ t/h. On dispose pour alimenter ce multiple effet, de 20 t/h de vapeur d'échappement du turbo alternateur et d'un thermocompresseur ($Z = 1{,}4$).

Calculer le débit de vapeur à recomprimer et le débit de vapeur vive nécessaire. Calculer le Brix des jux sortants de chaque effet.

Solution 5 :

On concentre $J_0 = 100$ t/h d'un jus de Brix $B_0 = 13$ jusqu'à Brix $B_4 =$ en 4 effets. On effectue les prélèvements de vapeur $P_1 = 9$ t/h, $P_2 = 5$ t/h, $P_3 = 7$ t/h $P_4 = 0$ t/h à la sortie des effets 1 2, 3 et 4.

On désignera par : E_1, E_2, E_3, E_4 l'eau évaporée à chaque effet.

E l'eau évaporée totale

J_1, J_2, J_3, J_4 les débits de jus issus des 1, 2, 3 et 4

B_1, B_2, B_3, B_4 leurs Brix

3.1 Faire un schéma :

1.2 Déterminer :

- E : eau évaporée
- F : fuit du condensat
- V_0 : vapeur à fournir

E = Conservation MS

$$\begin{cases} J_0 B_0 = J_1 - B_4 \\ E = J_0 - J_1 \end{cases} \Rightarrow J_4^{'} = J_0 \frac{B_0}{B_4} \Rightarrow E = J_0\left(1 - \frac{B_0}{B_4}\right) = 100\left(1 - \frac{13}{65}\right) = 80t/h$$

$$E = P_1 + 2P_2 + 3P_3 + 4P_4 + 4C$$

$$\Rightarrow C = \frac{1}{4}\left(E - P_1 - 2P_2 - 3P_3 - 4P_4\right) = 10t/h$$

$$V_0 = P_1 + P_2 + P_3 + P_4 - C = 31t/h$$

1.3 E_1, E_2, E_3, E_4 J_1, J_2, J_3, J_4 B_1, B_2, B_3, B_4

E	P	J	B
$V_0 = 31$	**/**	**$J_0 = 100$**	**$B_0 = 13$**
$E_1 = 31$	**$P_1 = 9$**	**$J_1 = 100 – 31 = 69$**	**$B_1 = 1300/69 =$ 18,84**
$E_2 = 31 – 9 = 22$	**$P_2 = 5$**	**$J_2 = 69 – 12 = 57$**	**$B_2 = 1300/47 =$ 27,65**
$E_3 = 22 – 5 = 17$	**$P_3 = 7$**	**$J_3 = 47 – 17 = 30$**	**$B_2 = 1300/30 =$ 43,3**
$E_2 = 31 – 9 = 22$	**$P_2 = 0$**	**$J_2 = 69 – 12 = 57$**	**$B_2 = 1300/67 =$ 87,7**

2. En sucrerie V est appelé par la vapeur d'échappement du turbo alterter ici V = 20 t/h < V. Le complément est apporté par une TC

Explication du principe

$Z = \frac{VAR}{VV}$ = rapport d'entrainement avec VR = VV + VRR

2.1 Déduire les expressions de V' (vapeur à fournir en 1) de E en fonction de C'' (fuite au condenseur), VV, Z, VE pour avoir le même résultat final

$$\begin{cases} E_1 = V_0^{'} = VE + VR = VE + RR + VV = VE + T + ZVV \\ E_1 = E_1 - nRR = E_1 - E_2 - ZV \\ E_3 = E_2 - P_1 \\ E_4 = E_3 - P_2 \\ C^{'} = E_4 - P_4 \end{cases}$$

$$\begin{cases} V_0' = VE + (1+Z)VV \\ E_1 = C' + P_4 + P_3 + P_2 + P_1 + ZVV \\ E_2 = C' + P_3 + P_2 + P_4 \\ E_3 = C' + P_3 + P_4 \\ E_4' = C'' + P_3 \end{cases}$$

$$E = ZVV + P_1 + 3P_3 + 2P_2 + 4P_4 + 4C'$$

$$V_0' = VE + (1+Z)VV = ZVV + P_1 + P_2 + P_3 + P_4 + C''$$

2.2 Déterminer C', VV, VAR pour VE = 20 t/h et 2Z = 1,5

V et VV = P1 + P2 + P3 + P4 + C' = 9 + 5 + 7 + C' + 20 = 1 + C' donc 4C' = 40 – 1,5 = 39,5

C' = 7 t/h

2.3 $E_1', E_1', E_3', E_4'; J_1', J_2', J_3', J_4'; B_1', B_2', B_3', B_4'$

$$E_1' = VV + VAR + VE = 12 + 8 + 20 = 40$$

$$J_1' = 100 - 40 = 60$$

$$B_1' = \frac{1300}{60} = 21{,}7$$

$$E_2' = 40 + 12 - 9 = 10$$

$$B_2' = \frac{1300}{41} = 31{,}7 \qquad J_2' = 60 - 19 = 41$$

$$E_3' = 19 + 4 - 9 = 14$$

$$B_3' = \frac{1300}{8{,}7} = 49{,}1 \qquad J_3' = 41 - 14 = 27$$

$E_4^{'} = 14 + 7 = 7$

$$B_1^{'} = \frac{1300}{20} = 65 \quad J_1^{'} = 27 - 7 = 20$$

3. $V_0 = 40$ t/h

Les condensats sont à leur température de condensation. Les jus sortent à leur température d'ébullition.

	$\Theta_{travail}$	Θ_{vapeur} °C	Θ_{vapeur}	Θ	$e^{1/2}$	C_{jus}	C_{coord}
0	/	120	647	/	/	0,922	1
1	111	111	645	0,2	1	0,870	1
2	100	100	640	0,6	1,2	0,810	1
3	85	85	634	1,1	1,6	0,711	1
4	55	55	632	2,7	2,4	0,610	1

3.1 Faire le bilan enthalpique pour vérifier que le jus est à 65 Brix ;

$H_{jus\ entrant} + H_{vapeur\ de\ chauffe} = H_{jus\ sortant} + H_{vapeur\ émis} + H_{condensat}$

Pour les jus : $H_{jus} = Jus_x \text{ x } C_{p(jus)} \text{ x } \theta_{jus}$ avec $\theta_{jus} = \theta_{vap} + e + e'$ pour 1, 2, 3, 4 pour les vapeurs

$H_{us} = \text{Vapeur x } h_{vapeur}$

Pour les condensats $H_C = \text{Condensat x } C_p(\text{condensat}) \text{ x } \theta_{condensat} = \text{Vapeur x 1 x } \theta_{vapeur}$.

$J_o \text{ x } \varphi_{jo} = \Theta_{jo} + V_o \text{ x } h_{vo} = (J_o - J_1) \text{ x } h_{v1} + J_{cp} \text{ x } C_{pj1} = (\Theta_{v1} + C_1' + e_1) + V_g \text{ x } \Theta_{100}$

$100 \text{ x } 0{,}822 \text{ x } 107{,}5 + 40 \text{ x } 647 = (100 - J_1) \text{ x } 64{,}5 + J_1 = 0{,}870 \text{ x } (111 + 0{,}2 + 1) + 40 \text{ x } 120$

$$J_1 = \frac{645 \times 100 - 100 \times 0{,}922 \times 107{,}5 - 40 \times (647 - 120)}{(645 - 0{,}270 \times (111 + 0{,}2 + 1))} = 61{,}215 t/h$$

$E_1 = J_0 - J_1 = 100 - 61{,}215 = 38{,}785$ t/h

$V_1 = E_1 - P_1 - VAR = 38{,}785 - 9 - 12 = 13785$ t/h

2)

$$J_2 = \frac{640 \times 61{,}295 - 61{,}215 \times 0{,}870}{(640 - 0{,}810 \times (100 + 0{,}6 + 1{,}2))} = 42{,}54 t/h$$

$E_2 = J_1 - J_2 = 100 - 61{,}215 = 18{,}698$ t/h

$V_2 = E_2 - P_2 - VAR = 38{,}785 - 9 - 12 = 13{,}698$ t/h

3)

$$J_3 = \frac{634 \times 43{,}517 - 43517 \times 101{,}8 - 0{,}81 - 13{,}698 \times (640 - 100)}{(643 - 0{,}711 \times (85 + 11 + 1{,}5))} = 28{,}082 t/h$$

$E_3 = J_2 - J_3 = 100 - 61{,}215 = 14{,}435$ t/h

$V_3 = E_3 - P_3 - VAR = 38{,}785 - 9 - 12 = 7{,}435$ t/h

4)

$$J_4 = \frac{632 \times 28{,}082 - 28{,}082 \times 87{,}7 \times 0{,}711 - 7{,}435 \times (634 - 85)}{(632 - 0{,}61 \times (55 + 37 + 34))} = 20{,}014 t/h$$

$E_4 = J_3 - J_4 = 100 - 61{,}215 = 8{,}068$ t/h

$$B_4 = \frac{1300}{0{,}014} = 65{,}0$$

3.2 Calculer les rendements Y = (kg vapeur produite/kg vapeur fournie)

$$y_1 = 0{,}97 \qquad y_2 = \frac{18{,}698}{13{,}785} = 1{,}05 \qquad y_3 = \frac{14{,}455}{13{,}698}\, y_4 = \frac{8{,}068}{7{,}435} = 1{,}09$$

3.3 Que pensez-vous des valeurs de rendement trouvées en 3.1 ? Comment peut-on les expliquer ? (un calcul de rendement en prenant Θ_{absolu} pour Θ_{jus} entrant peut aider).

$Y_1 < \theta_{jusextrait} < \theta_{obtenu} \Rightarrow$ 1 partie de la chaleur latente de vaporisation de la vapeur est perdue … le jus à $\theta_{absolue}$.

$$\left.\begin{array}{l} y_1 + > 1 \\ y_3 + > 1 \\ y_4 + > 1 \end{array}\right\} \quad \Theta_{jus\ extrait} > \Theta_{eb}$$

⇒ Auto-évaporation d'une partie de jus (évaporation sans utiliser la chaleur

$$y_1' = \frac{39,576}{40} = 0,991 \quad y_2' = \frac{18,454}{18,376} = 1,001 \quad y_3' = \frac{13,347}{13,454} = 0,991$$

$$y_4' = \frac{5,443}{0,347} = 0,517$$

Malgré tout, l'hypothèse est globalement correcte (1 kg → 1 kg) car avec V0, on trouve C à la fin 20 t/h)

4. La première, car elle a une surface A_1 surface = 1000 m^2, calculer les surfaces de transfert en kcal/m^{2}s.

$\alpha\, A_1\, \Delta\Theta_m = V_o\,(H_{vo} - H_{v1})$ donc

$$\alpha = \frac{V_0\left(H_{v0} - H_{v0}\right)}{A_1 \Delta\theta_m} = \frac{40 \times \frac{1000}{3600} + \left(647 - 120\right)}{1000 - (120 - 112,2)} = 0,751 kcalm^2\,°Cs$$

5. Montrer l'influence de la position 1, 2, 3 sur 4 d'un prélèvement **x** supplémentaire sur la vapeur à fournir V_0 à la caisse pour garder un résultat identique.

$E = P_1 + 2P_2 + 3P_3 + 4P_4 + 4C \qquad V_0 = P_1 + P_2 + P_3 + P_4 + C$

E = cste $\quad P_1$ = cste $\quad P_2$ = cste $\quad P_3$ = cste $\quad$ x va faire varier C uniquement

$E = P_1 + 2P_2 + 3P_3 + 4P_4 + 4\,C' + n\,x \qquad n = n_0$ effet

$$C' = \frac{1}{4}(E - P_1 - 2P_2 - 3P_3 - nx) = C - \frac{nx}{4}$$

$$V_o' = P_1 + P_2 + P_3 + P_4 + C - \frac{nx}{4} + x$$

Exercice 6 : Bilan thermique d'un évaporateur simple effet

La vinasse est un résidu obtenu après distillation de l'alcool à partir de la mélasse. Nous nous proposons d'effectuer l'évaporation de la vinasse (jus) afin de faire passer son prix de 7.5 (jus) à 13 (sirop ou jus concentré). Pour cela, nous disposons d'un évaporateur pilote simple effet. Les données techniques sont présentées dans le tableau ci-dessous.

Les mesures enthalpiques pour la vapeur sont lues sur le diagramme de Mollier.

- Déterminer les enthalpies du jus et du sirop en tenant compte de la capacité calorifique et de la température.

- Faire un schéma de principe annoté de l'unité d'évaporation. On prendra soin d'indiquer les données thermodynamiques correspondant aux durées et sorties.

- Etablir le bilan enthalpique.

- Montrer que les pertes en % de l'énergie fournie = (A.B)*100/A avec A=chaleur cédée par la vapeur = chaleur reçue par le jus.

- Donner la valeur des pertes. Quelles mesures prendriez-vous pour diminuer ces pertes ?

- Montrer que le rendement d'évaporation = $(Q_1/A)100$ avec Q_1=b-Q_2

Q_1= chaleur pour évaporer.

Q_2 = chaleur pour amener le jus à la température d'ébullition.

On prendra Q_2 = Mjus Cp (T2-T1) avec T_1 = température d'ébullition du jus = température d'eau de vapeur d'eau sous P bars = 65 °C et T_2 =température du jus

- Donner la valeur du rendement. Comment améliorer ce rendement ?

- Donner la valeur du coefficient de transfert (Unité S) entre la vapeur entrante et le sirop sachant que la surface de l'échangeur = 1.35 m².

Données techniques sur l'évaporation du jus pour l'obtention du sirop.

Etat	Caractéristique	Abréviation	Unités	Valeur
Jus	Débit massique	Mjus	Kg/h	23.5
	Teneur en sirop	Tsir	Kg/100Kg	7.5
	Température	Tjus	°C	50
	Capacité calorifique	Cp (jus)	Kcal/Kg °C	0.955
	Enthalpie	Hms	Kcal/Kg	
sirop	Débit massique	Msir	Kg/h	145
	Teneur en sucre	Ths	Kg/100Kg	13
	Température	Tsir	°C	61.1
	Capacité calorifique	Cp (sir)	Kcal/Kg °C	0.922
	Enthalpie	H sir	Kcal/Kg	

Vapeur retirée au jus	Débit massique	Mvr	Kg/h	90
	Pression	Pvr	Bar	0.25
	Température	Tvr	°C	62
	Enthalpie	Hvr	Kcal/Kg °C	626
Vapeur entrante (travail)	Débit massique	Mve	Kg/h	97.2
	Pression	Pve	Bar	0.54
	Température	Tve	°C	90
	Enthalpie	Hve	Kcal/Kg °C	638
Condensation (vapeur de travail)	Débit massique	Mcondv	Kg/h	97.2
	Température	Tcondv	°C	59.4
	Enthalpie	Hcondv	Kcal/Kg °C	59.4
Condensation (vapeur de jus)	Débit massique	Mcondj	Kg/h	90
	Température	Tcondj	°C	59.1
	Enthalpie	Hcondj	Kcal/Kg °C	29.1

Exercice 7 : PROBLÈME ÉVAPORATION

Par heure, une sucrerie traite 104000 litres de jus avant évaporation à un brix de 13. On a un quadruple effet.

Prélèvement sur le 1er corps de vapeur pour 7200 Kg/heure.

Prélèvement pour réchauffage de jus de 35° à 65° sur le 3e corps, de 65° à 85° sur le 2e corps, de 85° a 103° sur le 1er corps.

Avant d'entrer dans le multiple effet, le jus est réchauffé de 103° à m° avec de la vapeur d'échappement.

Calculer le tonnage horaire de vapeur nécessaire à la fuite au condenseur le brix du jus à la sortie de chaque caisse.

Données

Chaleur latente Vapeur échappement 530 kcal/kg vapeur corps 532 kcal/kg vapeur 2e corps 539 kcal/kg. Vapeur 3e corps 548kcal/kg.

Brix du sirop 65. Chaleur spécifique 0.9 Kcal/kg°C. Rendement de réchauffage 95%

Exercice 8 : PROBLÈME DE CRISTALLISATION

- Le 1er jet est réalisé avec sirop ERA Refonte B et Refonte C. Il donne le sucre A. ERA. EA (égout pauvre).

- le 2e jet est fait avec EA et donne du sucre B (pureté = 95) et un égout EB. Le sucre B est refondu et introduit dans le 1er jet.
- Le 3e jet est fait avec EB et donne du sucre C (pureté = N et la mélasse). Le sucre C est refondu et réintroduit dans le 1er jet.

Données	Pureté	Sucre
Brtx		
Sucre A	100	99
Sirop	82	11.50
ERA	86	10% du sucre A
EA	73	
EB	60	
Mélasse	38	85

On demande d'établir le flow-sheet en sucre, matière sèche et en pureté. On demande aussi pour 100 kg de cannes, la masse de sucre A et la masse de mélasse produites.

Exercice 9 :

- Qu'est-ce que l'imbibition composée ? Intérêts ?
- Soit une sucrerie travaillant 100 tonnes de cannes par heure. Le poids de jus est 102 kg de cannes. Le brix du jus est 13.30 celui du sirop 66.50.

On a un quadruple effet avec prélèvements sur

3e caisse : Réchauffage du jus de 30 à 60°C

2e caisse : de 60 à 83 °C

1re caisse : de 83 °C à 108 °C

Pour les cuites, on consomme 120 kg de vapeur par tonne de canne dont les 2/3 sont prélevés sur la 1re caisse et les 1/3 restants sont de la vapeur d'échappement. On demande :

- les brix à la sortie de chaque caisse.
- La consommation de vapeur pour l'évaporation.
- La consommation de vapeur pour l'évaporation et la cristallisation.

Données :

Chaleur latente :

1re caisse : 534 kilocalories

2e caisse : 540 " "

3e caisse : 550 "

Chaleur spécifique des jus 0.9 kc/kg°C

Rendement réchauffeur : 0.95

Exercice 10 :

Une sucrerie de canne travaille 150t/heure en 5 effets. Une tonne de cannes donne 100 kg de jus. Le jus initial est à Bx = 13 et le sirop à Bx = 65.

La consommation de vapeur pour la cristallisation est de 140 kg/t de canne. Cette vapeur est prélevée sur le 1er effet :

On fait des prélèvements de vapeur sur

▪ le 4e effet pour chauffer le jus	de 35° à 60°
▪ le 3e	de 60° à 75°
▪ le 2e	de 75° à 91°
▪ le 1er	de 91° à 111°

Chaleur latente

1er corps	552 k cal/kg	
2e Corps	540	/
3e corps	547	/
4e corps	550	/

Chaleur spécifique du jus 0.9 kcal/kg°C

Rendement réchauffeur : 0,95

On demande :

- le schéma du multiple effet.
- la consommation de vapeur par heure.
- les brix à la sortie des différents corps.

Exercice 11

1) Donner la définition des termes sucreries suivants :

- le moulin — le vesou
- la masse cuite — le sucre blanc
- le sucre roux

2) Sur un schéma, présenter les différentes opérations d'extraction du sucre cristallisé à partir de la canne.

3) Que représentent les unités brix et Polarisation ? Comment les mesure-t-on ?

4) Donner la composition (Eau, matière sèche, sucre, non sucre) d'un sirop avant les caractéristiques suivantes

*- BRJX=65

*-Pureté = 87

Exercice 12 : Evaporation à multiple-effet

Une chaîne d'évaporation à quatre effets est destinée à concentrer 250t/b de jus de canne (B=14).

Elle reçoit 79t/h de vapeur en premier effet avec des prélèvements

pl= (sortie du premier effet) = 10t/h

p2=30t/h

p3=26t/h

Le sirop obtenu à un brix de 70.

- Faire un schéma de la chaîne d'évaporation.
- Quelle est la quantité d'eau évaporée ?
- Compléter le tableau suivant :

	Débit de jus	Débit de jus sortant	Débit de vapeur entrant	B sortie
Au 1er effet				
Au 2e effet				
Au 3e effet				
Au 4e effet				

Au premier effet (caisse à grimpage), on relève les températures suivantes :

- Vapeur entrant au 1er effet 139 °C
- Vapeur sortant du 1er effet 131 °C
- Condensation 136 °'C

Déterminer le coefficient de transfert de chaleur global au 1er effet sachant que sa surface d'échange est **de 300 m².**

Données :

ΔT chulhométrique = 1°C = BPE

ΔT hydrostatique = 4 °C

Exercice 13 : Efficacité de l'imbibition composée

Une batterie de trois moulins fonctionne suivant le schéma suivant :

Avec

F = ligneux pour i de canne

bi = bagasse pour 1 de canne

ji = jus pour 1 de canne

Bi = Brix du jus

bi = Brix du jus de bagasse bi

nu = ligneux pour 1 de bagasse

w = eau d'imbibition pour I canne

1) Effectuer le bilan matière d'un tel processus (vous compléterez par vos réponses le schéma proposé)

- vous calculerez ji..j2. bl. b2 et j3
- vous calculerez les valeurs de mi

2) Calculer l'efficacité de l'imbibition au 2e moulin.

Vous compléterez pour cela le tableau suivant :

Matière sèche entrant en i. Mo	M S Sortie 1 Ml	bl. brix jus de bl	Ms entrée 2 : M_1

Exercice 14 :

Avec les données suivantes :

Paramètres	Unité	Valeur
La pureté du jus dernière pression		73,2
Le poids du jus mélangé		3130
L'eau d'imbibition		38
Le poids de cannes écrasées		3010
L'humidité % bagasse		48,8
Le saccharose % jus mélangé		11,37
Le pol % bagasse		1,75

Trouvez

i. Le brix % bagasse

ii. La fibre % canne

iii. L'extraction au moulin

iv. La fibre % bagasse

v. Le poids de bagasse

Solution 14 :

1. Brix % bagasse

$$Brix = \frac{pol\%bagasse \times 100}{jus1^{ère}\ pression} = \frac{1,30 \times 100}{73,1} = 1,78\%$$

2. Saccharose % cannes

Saccharose = [(poids de saccharose du jus) / (poids des cannes)] x 100

= [(poids de saccharose JM + poids de saccharose dans la bagasse) / (piods des cannes)] x 100

Poids du saccharose JM = (pds JM x saccharose %JM) x 100

$$= \frac{3015 \times 11,42}{100} = 344,31t$$

Poids de saccharose dans la bagasse = (poids de bagasse x saccharose%bagasse)/100

$$\frac{3{,}33(1121{,}6+3015)\times 1{,}30}{100}\times 100=16{,}1t$$

$$\%saccharose=\frac{344{,}31+16{,}1}{3133}\times 100=11{,}5\%$$

3. Poids bagasse

pds bagasse = pds canne + peu – Psn = 3133 + 1121,6 – 3015
= 1239,6 t

Fibre%cannes = (Poids du ligneux/poids de bagasse) x 100

= (Poids bagasse x ligneux%bagasse)/Poids de cannes

$$\frac{pdsbag\times\left(100-Hlby-b^{*}bag\right)}{pdscannes}=\frac{1239{,}6\times(100-49-1{,}78)}{3133}=19{,}5\%$$

ME = [(saccharose JM)/ (saccharose cannes)] x 100

$$=\frac{344{,}41}{360{,}29}\times 100=96{,}6\%$$

JM : Jus mélangé

pds saccharose cannes = $\frac{11{,}5}{100}\times 3133=360{,}29$

fibre % bagasse = 100 – hlby – b^{*} bag = 49,22%

Exercice 15 :

Exercice 1. Quelles sont les caractéristiques métrologiques d'une balance électronique et comment faire le choix d'une balance ?

Réponse 1 : Les caractéristiques métrologiques sont :

(i) La sensibilité

(ii) L'erreur totale

(iii) Erreur de répétabilité

(iv) Dérive en température du zéro

(v) Dérive en température de la sensibilité

Pour faire le choix d'une balance, il faudra considérer les conditions d'utilisation suivantes :

(i) Plage d'utilisation

(ii) Plage de fonctionnement sans altération

(iii) Etanchéité suivant classe xxxx et norme yyyyyyyyyy

Exercice 2. Classer les débitmètres

Réponse 2 : Il existe de nombreux types de débitmètres. En général, ils sont classés comme suit :

(a) Débitmètre à pression différentielle tels ceux utilisant une plaque à orifice, tube Venturi, tube Pitot, tube coudé et aussi à section variable.

(b) Débitmètre à déplacement positif tels ceux à piston, avec engrenages et à vannes rotatives.

(c) Débitmètre à vélocité tels ceux à vortex, à électromagnétisme et à ultrasons.

(d) Débitmètre massique tels types Coriolis et thermique.

Exercice 3. Si vous aviez à choisir un débitmètre, comment procéderiez-vous ?

Réponse 3 : Si nous avons à choisir un débitmètre, nous allons considérer les paramètres suivants :

La fiabilité ; les besoins en maintenance ; le type de lectures requises ; le rayon d'action ; la propreté du fluide (teneur en solides entraînés) ; le coût ; la viscosité et la densité du fluide ; la précision ; la corrosivité du fluide ; les extrêmes de pression et température ; les besoins de l'environnement externe dus à une atmosphère corrosive ou hasardeuse.

Exercice 4. Comparé à un réchauffeur tubulaire, comment un réchauffeur à plaques est-il avantageux ?

Exercice 5. Si une baisse de performance a été identifiée au niveau des réchauffeurs d'une usine, quelles pourraient en être les raisons ?

Exercice 6 : Pourquoi cristalliser le sucre ?

Réponse 6 : Après la concentration du jus clair en évaporateur pour obtenir du sirop entre 65° et 70° Brix, il nous faut pousser la concentration dans les cuites à plus de 90° Brix pour cristalliser le sucre. Le procédé de « cuisson » est aussi un procédé de purification. Ainsi, un sirop d'environ 85° de pureté nous donnera des cristaux de sucre de près de 100° de pureté et de la mélasse d'environ 35° de pureté.

Exercice 7 : Qu'est-ce qu'une masse cuite ?

Réponse 7 : Le produit manipulé dans les cuites est une « masse cuite », soit un mélange de cristaux et de liqueur-mère. Dépendant de la concentration et de la pureté, c'est un produit assez visqueux.

Exercice 8 : Calculer la teneur en cristaux (exprimée en cristaux % brix) d'une masse cuite à 85° de pureté, des cristaux à 100° et une liqueur-mère à 35°.

Réponse 8 : 100 x (85 – 35)/ (100 – 35) , soit 76 ; 9% de cristaux pour 100 de brix.

Exercice 9 : Pourquoi cette pollution est-elle hypothétique ?

Réponse 09 : Ceci serait impossible ; car nous aurions une masse avec à peine de l'espace entre les cristaux. De ce fait, nous ne pouvons en une seule cuite épuiser le sirop. Il nous faut le faire par étape ; d'où la nécessité de cuire plusieurs jets (masses cuites A ; B et C). Du fait de sa concentration ; il nous faut cuire la masse cuite sous vide afin d'abaisser son point d'ébullition et éviter de développer de la coloration.

Exercice 10 : Qu'est-ce qu'un appareil à cuire ?

Réponse 10 : Un appareil à cuire est essentiellement un évaporateur à simple effet equipé d'une surface de chauffe et une calandre reliée à un vide.

Exercice 11 : Pourquoi la cuisson de la masse cuite est faite sous vide ?

Reponse 11 : La masse cuite est faite sous vide pour les raisons suivantes :

a- La température d'ébullition est plus basse d'où la réduction de pertes de sucre et de la coloration du sucre ;

b-Taux de cuisson plus élevé ; du fait d'un meilleur transfert de chaleur ($K\alpha\Delta t$) ;

c-Possibilité d'utiliser de la vapeur à basse pression.

Exercice 12 : Citez les modes de chauffage de la masse cuite.

Reponse 12 : Il existe trois modes de chauffage de la masse cuite :

a-par serpentins ;

b-par faisceaux ;

c-par plaques.

Exercice 13 : Comment améliorer la circulation de la masse cuite dans un appareil à faisceau ?

Réponse 13 :

a- Le faisceau incliné.

b- Le faisceau à circulation diamétrale.

c- Le faisceau flottant.

Exercice 14 : Quelles sont les caractéristiques d'une bonne cuite discontinue ?

Une bonne cuite discontinue devrait avoir les caractéristiques suivantes :

a. Une bonne circulation, sans zone stagnante pour bien mélanger les cristaux (afin d'avoir un grossissement uniforme dans l'ensemble de l'appareil et un meilleur épuisement de la liqueur –mère) ;

b. Un bon taux d'évaporation ;

c. Une faible tête de massecuite en fin de cuite (pas plus de 1.5 m si possible low Head) ;

d. Un déchargement rapide.

Exercice 15 : Quel est le but de la cristallisation ?

Réponse 15 : Le but de la cristallisation est d'extraire, sous la forme de sucre commercial, le plus possible de sucre présent à l'origine dans le jus et de rejeter les impuretés sous la forme de mélasses qui doivent contenir le moins de sucre possible. De ce fait, plus faible sera la pureté de la mélasse, plus élevée sera la récupération de sucre commercial.

Notre objectif sera de produire :

a- Du sucre commercial de qualité convenable ;

b- De la mélasse à basse pureté.

Exercice 16 : Donnez la définition du degré Brix.

Réponse 16 : Le degré de Brix d'une solution est le poids de la matière sèche dissout pour cent de solution (poids %poids).

Exercice 17 : Qu'appelle- t-on pureté ? Donnez la définition des différents types de puretés.

Réponse 17 : La pureté Pol (ou apparente) est le pourcentage de Pol dans le Brix (c'est-à-dire Pol % Brix).

-La pureté Clerget est le pourcentage de saccharose dans le Brix (Saccharose % Brix).

-La pureté réelle est le pourcentage de saccharose dans la matière sèche réelle. Pour les besoins de calcul des cuites, nous utiliserons la pureté apparente.

Exercice 18 : Donner la définition de la teneur en cristaux.

Réponse 18 :

La teneur en cristaux est le pourcentage de sucre sous forme cristalline dans le Brix.

Si nous centrifugeons une masse cuite de Brix B, de pureté J et obtenons des cristaux de sucre de pureté M, la teneur en cristaux de cette masse cuite sera donc égale à :

$$\frac{(J-M)B}{(S-M)}$$

Généralement, on exprime la teneur en cristaux % Brix.

$$\frac{100(J-M)}{100-M}$$

Assumant une pureté de sucre de 100.

Exercice 19 : Expliquer le système de trois jets de sucrerie.

Réponse 19 : Les puretés de jus étant autour de 85%, il ne nous est donc pas possible d'obtenir des égouts de pureté plus faibles que 60-65%. De tels égouts sont encore très riches en sucre pour être rejetés comme mélasse. Il est donc nécessaire de les cuire de nouveau afin de récupérer encore de sucre. Selon le nombre de fois que nous cuisons, nous avons donc des systèmes à Deux Jets ou Trois Jets. Certaines sucreries, assez rares, ont recours à Quatre Jets. Il y a quand même des limites.

Exercice 20 : Quelles sont les zones de sursaturation ?

Réponse 20 : Les trois zones de sursaturation sont :

1. La zone Métastable, la plus voisine de la saturation, dans laquelle les cristaux existants grossissent, mais il ne peut s'en former de nouveaux.

2. La zone Intermédiaire où il peut se former de nouveaux cristaux, mais seulement en présence de cristaux existants.

3. La zone Labile dans laquelle les cristaux se forment de façon spontanée.

Exercice 21 : Quelles sont les étapes d'une opération de cuite ?

Réponse 21 : Une opération de cuite peut être divisée en quatre étapes, plus particulièrement dans le cas des bas produits.

1. Concentration.
2. Grainage.
3. Grossissement des grains.
4. Serrage.

Exercice 22 : Quel est le principe de fonctionnement de la cuite ?

Réponse 22 : L'originalité de l'appareil réside dans le fait que les opérations successives de la cristallisation discontinue classique sont réalisées dans « l'espace » au lieu de l'être dans « le temps ».

En effet, le corps horizontal est divisé en un certain nombre de compartiments par des cloisons transversales et longitudinales. La masse cuite s'écoule d'un compartiment au suivant par une série d'orifices aménagés à la base des cloisons.

Un faisceau de tubes longitudinaux répartis en rangées verticales permet l'apport des calories nécessaires.

Le premier compartiment est alimenté avec un magma, lui-même fabriqué, soit à partir d'un sucre affiné ou non et empâté, soit dans un appareil servant le jet considéré.

La masse cuite progresse de compartiment en compartiment et parvient à l'extrémité de l'appareil. Elle est extraite selon les cas, soit par une pompe volumétrique à vitesse variable, soit simplement par un trop-plein réglable suivi d'une colonne barométrique.

Exercice 23 : Quels sont les facteurs qui influencent la puissance du malaxeur ?

Réponse 23 : La puissance requise pendant le malaxage dépend de :

(a) La nature de la masse cuite, c'est-à-dire la viscosité.

(b) La capacité et le type d'agitateur.

(c) Le volume du malaxeur.

(d) La vitesse de rotation.

Exercice 24 : Donner les différents types de malaxeurs.

Réponse 24 : Les différents types de malaxeurs sont :

(a) Blanchard.

(b) Fletcher-Leclézio.

(c) Workspoor.

(d) Malaxeurs verticaux.

Exercice 25 : Qu'appelle-t-on turbine en sucrerie

Réponse 25 : C'est un appareil servant à la séparation des cristaux du sucre de la mélasse d'une masse cuite. Cet appareil est soumis à des forces centrifuges d'où le nom de turbine centrifuge essoreuse.

Exercice 26 : Qu'appelle-t-on mélasse ?

Réponse 26 : La mélasse est un des sous-produits d'une usine qui fabrique le sucre. Comme tous les sous-produits, la mélasse contient une certaine quantité de sucre qui sera perdue quand celle-ci sera évacuée de l'usine.

Exercice 27 : Donner la composition de la mélasse.

Réponse 27 : La mélasse est composée de l'eau (20 %), du saccharose (35 %), du glucose (7 %), du fructose (9 %), des cendres (12 %), des autres (cire, colorants, carbohydrates, substances azotées ou non) (17 %).

Exercice 29 : Quelles sont les méthodes de décoloration de la refonte du sucre :

Réponse 29 : Les méthodes de décoloration les plus utilisées sont :

(a) Le procédé talofloc.
(b) Le charbon actif.
(c) La carbonatation.
(d) Le noir animal.
(e) Le charbon "granulé".
(f) Les échangeurs d'ions.

Exercice 30 : Pourquoi sécher le sucre ?

Réponse 30 : Le sucre, roux raffiné, obtenu à la sortie des centrifuges, est généralement humide ; le sucre roux contenant entre 1 à 2% d'humidité et le sucre raffiné de 0.5 à 1%. L'humidité est néfaste à la bonne conservation du sucre et à moins de l'enlever, le sucre humide se détériorera rapidement pendant le stockage.

Exercice 31 : Quels sont les avantages au séchage du sucre ?

Réponse 31 : Le sucre sec se conservera bien en offrant les avantages suivants :

- Pertes de polarisation éliminées ou réduites au maximum.
- Pas de prise en masse ou de mottage.
- Pas d'action microbienne ou bactérienne.
- Développement de couleur éliminée ou réduite au maximum.
- La polarisation augmentera en fonction de l'eau éliminée.

Exercice 32 : Donner les types de sécheurs de sucre.

Réponse 32 : Les types de sécheurs de sucre sont :

(a) Sécheurs rotatifs horizontaux.
(b) Sécheurs verticaux.
(c) Sécheurs multitibulaires fives cail.
(d) Sécheurs à lit fluidisé, type « West Prochem ».
(e) Sécheurs à lit fluidisé vibrant, BMA, Comessa.

Exercice 33 : Donner quelques caractéristiques de la qualité.

Réponse 33 : Les critères de qualité du sucre sont basés sur : saccharose, humidité, sucres réducteurs, cendres, métaux lourds (Pb, As, Cu, Hg, Cd), autres métaux (Al, Fe), flores microbiologiques (levures, moisissures, bactéries, pathogènes), sels minéraux (Mg, K, Na, Ca, P), SO_2.

Exercice 34 : Quels sont les critères organoleptiques ?

Réponse 34 : Les critères organoleptiques sont : l'odeur et le goût.

3e Partie

EXERCICES SUR LA CLARIFICATION

Exercice I : Donnez les équations de l'inversion et les éléments de la réaction.

$C_{12}H_{22}O_{11} + H_2O \longrightarrow C_6H_{12}O_6 + C_6H_{12}O_6$ en milieu acide

Saccharose ⟶ glucose + fructose

Exercice II : Quelles sont les impuretés du jus mélangé en sucrerie de cannes ?

Exercice III : Donnez les différentes variantes de la défécation.

- C'est le chaulage froid, suivi du réchauffement et de la décantation ;
- le chaulage intermédiaire : le double réchauffage suivi de la décantation ;
- le chaulage à chaud suivi de la décantation.

Exercice IV : Donnez un schéma de la clarification du jus de mélangé en sucrerie de cannes.

Exercice V : Qu'appelle-t-on la chaux ? Quelle est sa fonction en sucrerie ?

Exercice VI : Quelle est la composition d'une chaux vive (non hydratée) ?

Réponse VI : La composition d'une chaux vive est la suivante :

% CaO réactifs	85-90 °C
Silice (SiO_2)	< 2 %
Oxyde de fer (F_2O_3)	< 2 %
Oxyde d'alumine (AL_2O_3)	< 2 %
Oxyde de magnésie (MgO)	< 2 %

Exercice VII : Donnez les équations de la préparation du lait de chaux. Identifier les termes de l'équation.

Réponse VII : L'équation est la suivante :

$CaO + H_2O = Ca(OH)_2 + 63.6$ KJ

La réaction est-elle exothermique ou endothermique ?

C_{ao} : chaux vive,

H_2O : eau,

$C_a(OH)_2$: chaux éteinte.

Exercice VIII : Pourquoi clarifier le jus de canne ? Citer les différentes étapes de clarification.

Réponse VIII : Le jus extrait de la canne par les moulins ou par la diffusion contient des impuretés solubles et insolubles qui doivent être séparées pour ne pas gêner la cristallisation du sucre et pour réduire les pertes de la mélasse.

Le jus de canne est aussi acide (pH, 4.5 à 5.5) et doit être neutralisé pour réduire les pertes en inversion.

Les différentes étapes de la clarification sont :

(a) Le tamisage du jus pour enlever la fine bagasse, le sable, etc. ;

(b) La coagulation des protéines du jus par la chaleur (réchauffage) ;

(c) La neutralisation du jus par oxyde de calcium et la précipitation de certaines impuretés solubles ;

(d) La séparation de ce précipité par décantation et par filtration pour obtenir un jus clarifié.

Exercice IX : Quel est l'effet de la clarification ?

Exercice X : Quels sont les objectifs de la clarification ?

Réponse X : Les objectifs de la clarification sont :

(a) Réduire la couleur et la turbidité du jus ;

(b) Séparer les solutions solubles et insolubles du jus susceptible d'être précipité ;

(c) Corriger le pH du jus à environ 7 ;

(d) Détruire ou inactiver par la chaleur les micro-organismes dans le jus.

Exercice XI : Les conditions essentielles d'une bonne clarification.

Réponse XI : Quel que soit le procédé, les conditions essentielles pour une bonne clarification sont :

(a) Un débit de jus constant ;

(b) Pas de variation dans la qualité et la concentration des additifs (chaux, floculants, etc.) ;

(c) Une température constante ;
(d) Un pH constant.

Exercice XII : Quels sont les points de distribution du lait de chaux en sucrerie ?

Réponse XII : Les points de distribution du lait de chaux en sucrerie sont :

(a) Le chaulage du jus mélangé ;

(b) Le chaulage du diffuseur ;

(c) Le chaulage en raffinerie ;

(d) Le chaulage des effluents.

Exercice XIII : Donnez les équations de préparation du saccharate de chaux. Identifier les différents termes de la réaction :

$$\mathbf{C_{ao} + C_{12}H_{22}O_{11} + C_{12}H_{22}C_{ao}}$$

Chaux vive → **Saccharose** → **Mono calcium saccharose**

Exercice XIV : Donnez la préparation du saccharose en à $\mathbf{C_{ao}}$. Donnez les précautions à prendre pour éviter la réaction efficace.

Réponse XIV : L'addition de chaux au jus mélangé peut se faire sous forme de saccharate de chaux qu'on prépare par réaction de l'oxyde de calcium et du saccharose pour produire du mono-calcium saccharate : $C_{12}H_{22}O_{11}C_{aO}$.

La proportion de saccharose à C_{aO} est de 6.1 à 1 et en pratique on adopte une proportion de 7 à 1 pour s'assurer qu'il y a un excédent de saccharose et éviter la formation de di-calcium saccharate ($C_{12}H_{22}O_{11}$. $2C_{aO}$) et de tri-saccharate ($C_{12}H_{22}O_{11}$. $3C_{aO}$) qui sont insolubles.

Exercice XV : Quelle différence faites-vous entre le saccharate de chaux et le lait de chaux ?

Exercice XVI : Qu'est-ce qu'un clarificateur ou un décanteur en sucrerie ?

Réponse XVI : La séparation du précipité formé par le chaulage se fait dans des cuves spécialement dessinées qu'on appelle clarificateurs ou décanteurs.

Exercice XVII : Donnez quelques marques de clarificateurs et leurs caractéristiques.

Réponse XVII : Quelques marques de clarificateurs : DORR, GRAVER, BACH.

Les caractéristiques des clarificateurs : ils sont équipés des plateaux superposés et d'un seul compartiment pour les boues. Une modification plus récente (RAPIDORR) consiste à superposer quatre clarificateurs indépendants dans la même cuve. Le temps de séjour dans ces clarificateurs conventionnels est de deux à trois heures.

Exercice XIII : Qu'appelle-t-on floculant ? Quelles sont les caractéristiques d'un floculant ?

Réponse XIII : Les floculants sont des copolymères d'acrylamide et de sodium acrylamate à forts poids moléculaires qui sont ajoutés au jus chaulé à l'entrée du clarificateur avant le flash tank, pour faciliter la coagulation du précipité de phosphate de calcium en gros flocons qui se déposent plus rapidement.

Les caractéristiques d'un floculant sont : l'efficacité dépend de son poids moléculaire et de son degré d'hydrolyse. Ce dernier devrait varier entre 40 et 52 % et le poids moléculaire entre 2 et 7 millions.

Exercice XIV : Quel est le rôle d'enzyme amylase en sucrerie ?

Réponse XIV : Les enzymes permettent de contrôler le taux d'amidon dans le jus lorsque celui-ci est élevé. En effet, au-dessus d'une certaine concentration, l'amidon retarde la filtration en sucrerie.

Exercice XV : Quels sont les enzymes utilisés en sucrerie ?

Réponse XV : Les enzymes utilisées en sucrerie sont les amylases parmi lesquelles on a la dextranase.

Exercice XVI : Quels sont les avantages et les inconvénients de la sulfatation ?

Réponse XVI : Les avantages sont : la production d'un sucre de meilleure qualité (couleur et filtrabilité), la production du sucre blanc sans équipement additionnel d'une raffinerie et la masse cuite moins visqueuse.

Les inconvénients sont : l'incrustation des réchauffeurs et des évaporateurs, la corrosion par les vapeurs de sulfure d'oxygène (SO_3), le surplus d'un équipement additionnel pour la clarification et la consommation élevée de chaux et de soufre.

Exercice XVII : Citez les autres procédés de la clarification en dehors de la défécation et de la sulfatation.

Réponse XVII : Les autres procédés de clarification sont : les résines échangeurs d'ions, l'ultrafiltration et la flottaison.

Exercice XVIII : Qu'appelle-t-on boues en sucrerie ? Quelle est sa composition ?

Réponse XVIII : Ce sont des dépôts au fond d'un clarificateur. Ces dépôts sont saturés de jus (environ 70 %).

Les boues sont composées de sels, de chaux précipités pendant la clarification, des terres et des sables, des gommes et des protéines précipitées par la chaleur et la bagasse.

Exercice X*IX* : Quel type de filtre est utilisé en sucrerie de canne ? Donnez la caractéristique de ce filtre.

Réponse XIX : Le filtre utilisé dans la sucrerie est de type rotatif sous vide.

La caractéristique de ce type de filtre est : les tourteaux obtenus sont environ à 75 % d'humidité et le filtra est assez clair pour être envoyé directement à l'évaporateur.

Exercice XX : Quelle est la caractéristique des tamis du filtre utilisé en sucrerie.

Réponse XX : La caractéristique des tamis du filtre utilisé en sucrerie est la suivante : le tamis est généralement en inox et les perforations sont de l'ordre de 0,5mm et d'environ 23 % de la surface filtrante.

Exercice XXI : Quels sont les facteurs qui influencent la filtrabilité des boues ?

Réponse XXI : Deux paramètres influencent la filtrabilité des boues. Ce sont les matières solides et la proportion des fines bagasses dans l'alimentation au filtre.

Exercice XXII : Quelles sont les recommandations concernant « la rétention » des boues sur le filtre rotatif ?

Réponse XXII : Les recommandations sont la concentration des matières solides, l'addition de la fine bagasse, l'addition de lait de chaux ou du saccharate, l'addition d'un floculant.

Exercice XXIII : Qu'appelle-t-on la fine bagasse **?**

Réponse XXIII : La fine bagasse est le produit obtenu en tamisant la bagasse.

ALBUM PHOTO

Photo 1 : Plantation de canne à sucre avec galerie

Photo 2 : Cannes à sucre (feuillages)

Photo 3 : Cannes à sucre

Photo 4 : Cannes à sucre

Photo 5 : Cannes à sucre

Photo 6 : Cannes à sucre

Photo 7 : Cannes à sucre

Photo 8 : Cannes à sucre

Photo 9 : Caisse de chargement de canne sucre

Photo 10 : Camion de transport de la canne à sucre

Photo 11 : Caisse de chargement canne à sucre

Photo 12 : Réception de la canne à sucre (Mbandjock)

Photo 13 : Portique de déchargement de canne à sucre (Mbandjock)

Photo 14 : Escalier d'accès à la table à canne (NKOTENG)

Photo 15 : Dessous d'une table à canne avec chaîne (Mbandjock)

Photo 16 : Niveleur sur table à canne (Mbandjock)

Photo 17 : Moteurs à l'atelier d'extraction (Mbandjock)

Photo 18 : Nettoyage de la canne à sucre (Mbandjock)

Photo 19 : Nettoyage à l'eau de la canne à sucre (Mbandjock)

Photo 20 : Chaîne de la table à canne (Mbandjock)

Photo 21 : Moteurs de coupe cannes (Mbandjock)

Photo 22 : Niveleur de la table à canne en sucrerie de canne (NKOTENG)

Equipement de préparation de la canne

Photo 23 : ebouleur : Niveleur (NKOTENG)

Photo 24 : Système de recyclage d'eau de lavage de la canne (NKOTENG)

Photo 25 : Système d'entrainement des moulins : turbines à vapeur + réducteur en sucrerie de canne (NKOTENG)

Photo 26 : Transporteur intermédiaire à rataux des moulins en sucrerie de canne(NKOTENG)

Photo 27 : Transporteur intermédiaire à râteaux des moulins

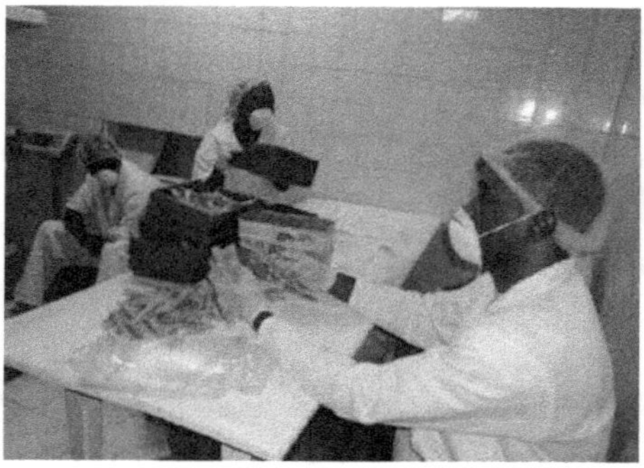

Photo 28 : Mise en paquet de sucre en buchette (conditionnement) (Mbandjock)

Photo 29 : Filtre à tambour à la sucrerie de canne : épuration ((NKOTENG)

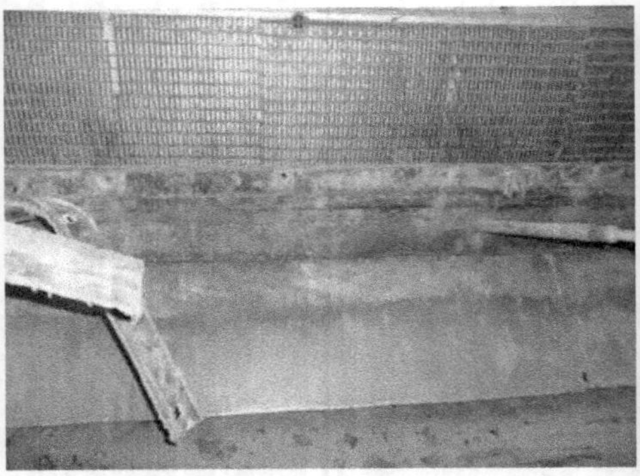

Photo 30 : Tambour du filtre à boue en sucrerie de canne : épuration (NKOTENG)

Photo 31 : Réchauffeur à plaque pour jus de canne : épuration (Mbandjock)

Photo 32 : Réchauffeur tubulaire pour jus de canne (Mbandjock)

Photo 33 : corps d'évaporation (évaporateur) (Mbandjock)

Photo 34 : corps d'évaporation (évaporateur) (Mbandjock)

Photo 35 : corps d'évaporation à la sucrerie de canne (évaporateurs) (Mbandjock)

Photo 36 : appareils à cuire (Mbandjock)

Photo 37 : Un corps d’évaporation, Nkoteng.

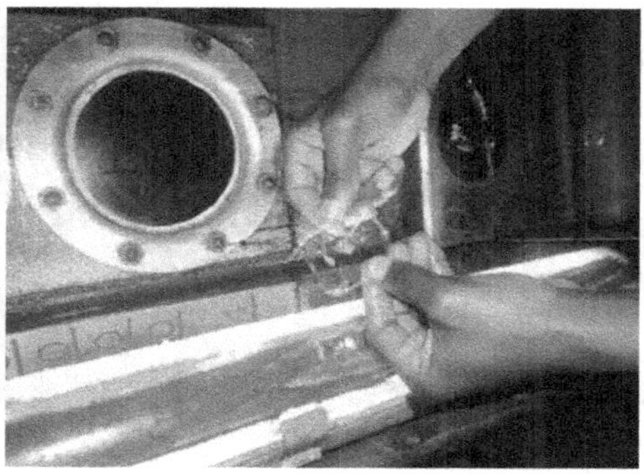

Photo 38 : Observation des cristaux en cristallisation

Photo 39 : Observation des cristaux de sucre sur une glace à côté des appareils à cuir (NKOTENG)

Photo 40 : Un appareil à cuire (NKOTENG)

Photo 41 : Panier de centrifugeuse

Photo 42 : Centrifugeuse continue(Mbandjock)

Photo 43 : Panier de centrifugeuse

Photo 44 : Bac de réception égout C (mélasse) en sucrerie de canne

LEXIQUE

Acide aconitique : substance servant à la préparation de plastifiants et d'agents mouillants.

Acide itaconique : substance participant à la fabrication de matières plastiques.

Bagasse : matériau fibreux résiduel obtenu après broyage de la canne à sucre. Il est envoyé aux chaudières pour être brûlé comme carburant.

Bagasse : Résidu obtenu après extraction du sucre des moulins.

Bagassière : pont reliant les cylindres d'entrée et de sortie. Elle conduit en effet la bagasse du cylindre avant jusqu'à l'ouverture arrière du moulin en un flot avec le moins de fonctions possible.

Balance servo : balance à levier dont le point d'équilibre bouge automatiquement.

Boues : mélange de résidus provenant de l'épuration des jus de canne ou de betterave.

Brix : poids de substances solubles dans 100 g de jus (ou autres produits sucrés).

Broyage : technique visant à appliquer une certaine pression sur la canne à sucre pour en extraire un maximum de jus.

Canne à sucre (« Saccharum officinarum » : plante de la famille des Poacées (graminées) principalement cultivée dans les régions tropicales et sub-tropicales.

Cassonade est un sucre cristallisé brun obtenu directement à l'issue de la première cuisson du jus de canne. Moins pur que le sucre cristallisé blanc, ce sucre brun contient environ 95 % de saccharose ainsi que des impuretés résiduelles (sels minéraux, matières organiques) qui lui donnent sa couleur et ses notes aromatiques.

Chaîne à canne (conducteur de cannes) : tablier roulant par lequel les cannes sont introduites dans la sucrerie et qui assure l'alimentation des moules en transportant les cannes de la courroie défibreur.

Chaume : partie inférieure des tiges de céréales qui reste au niveau du sol dans le champ après que la portion supérieure a été récoltée.

Clairce : sirop échantillonné comme pour le jus clarifié.

Commission internationale pour l`uniformisation des méthodes d`analyse des sucres.

Coque de cylindre : fonte à gros frein (open-grained) de fer de qualité, ce qui leur donne une surface rugueuse.

coupe-canne : équipement dont le but est de rompre l'écorce de la canne de façon à faciliter la désintégration des cellules.

Cristalliseur : appareil servant à cristalliser le sucre tel que le cristalliseur à circulation de magma, à circulation forcée, à tube de tirage, à circulation de liqueur, à la surface raclée.

Cylindre des moulins : coque en fonte emmanchée à chaud sur un axe en acier. Les coques peuvent être fixées à clavetages sur les arbres.

D'après le deuxième moulin, elle est proche de 50. Dès le troisième moulin, elle n'est plus éloignée de 48% ; c'est la limite. Si à ce moment on arrose la bagasse avec de l'eau, cette eau se répand dans la bagasse et dilue le jus qu'elle contient. Le moulin suivant ramènera la bagasse à l'humidité limite. Cette humidité sera constituée par le jus dilué.

Débitmètre à déplacement positif : débitmètre utilisé pour mesurer le débit de liquides visqueux tel que celui à piston, avec engrenages et à vannes rotatives.

Débitmètre à vélocité : débitmètre opérant linéairement par rapport au débit volumique tel que celui à vortex, à électromagnétisme et à ultrasons.

Débitmètres à pression différentielle : débitmètre dont l'élément primaire est généralement constitué d'un diaphragme qui, inséré dans une conduite, produit une perte de charge proportionnelle au carré du débit du fluide qui le traverse.

Débitmètres massiques : appareil de mesure du débit massique tel que débitmètres thermiques, débitmètres gyroscopiques.

Défécation : action de la chaux sur le jus. Il se forme un précipité, facile à enlever.

Défibreur : Equipement constitué de 2 ou 3 cylindres à travers lesquels passe la canne (entière ou en morceau). Il précède le frein des moulins.

Dextrine (dextrane) : groupe de polysaccharides et polymères de glucose. La formation de dextrine occasionne des effets secondaires néfastes à la fabrication du sucre.

Dézincification : procédé d'élimination du zinc.

Diffusion en sucrerie : phénomène par lequel les cellules de betterave ou de canne, plongées dans de l'eau ou de solution moins concentrée que le jus quelles contiennent, cèdent à cette eau ou à cette solution une fraction ou la totalité du sucre formant l'excédent de concentration de leur jus.

Diffusion : phénomène par lequel deux solutions de concentration différentes juxtaposées ou séparées par une membrane s'échangent par osmose à travers la membrane.

Eaux condensées : eaux condensées des réchauffeurs.

Eaux des condenseurs : eaux en provenance des évaporateurs.

Ebouleur : arbre horizontal placé au-dessus de l'axe des galets avant la table et qui tourne en sens inverse.

Écumes : Résidu de la clarification des jus de canne ou de betterave à la suite de leur carbonatation.

Egout : échantillon obtenu après dilution pour faire fondre les faux grains.

Endogène : qui prend naissance à l'intérieur d'un système, spécialement à l'intérieur d'un organisme.

Épuration : étape d'élimination des impuretés contenues dans le vesou par tamisage, chauffage, ajout de chaux (chaulage) et décantation.

Evaporateur : appareil pour concentrer le jus de canne. Le jus obtenu de la canne est trop dilué pour être utilisable dans le procédé de cristallisation.

Furfural : liquide incolore, à odeur d'amandes amères.

ICUMSA : « International Commission for Uniform Methods of Sugar Analysis »

Imbibition composée : partant de l'imbibition simple, unique, on a remarqué que le jus au dernier moulin étant presque de l'eau, on l'a donc utilisé pour le renvoyer devant l'avant-dernier moulin.

Imbibition simple : procédé le plus simple qui consiste à ajouter l'eau à la bagasse après moulin.

Imbibition : artifice consistant à déplacer le jus qui contient la bagasse par de l'eau.

Invertase : enzyme catalysant l'hydrolyse du saccharose en fructose et en glucose.

Jus clarifié : Jus échantillonné au moyen d'un robinet placé sur la tuyauterie amenant ce jus aux évaporateurs.

Jus de première pression : jus extrait par les cylindres d'entrée du premier moulin.

Levane : produit chimique lévogyre issu de la dégradation microbienne (*Bacillus substilis*) du saccharose.

Livre de département de fabrication : livre où figurent des renseignements ou données tels que - opérateur en charge d'une cuite - heure du début de la cuite d'une masse cuite et celle de sa décharge - volume de masse cuite déchargée - température à la coulée - numéro du cristalliseur où on a envoyé la masse cuite - nombre d'heures en cristalliseur - température lors du turbinage - heure à laquelle tel cristalliseur est turbiné - durée du turbinage d'un cristalliseur.

Lysine : acide formé par le dédoublement des matières protéiques.

Magma : échantillon obtenu dans le bac de magma avant qu'il soit pris pour aller aux appareils à cuire.

Massecuites : échantillons obtenus dans les malaxeurs 15 minutes après qu'une cuite a été déchargée.

Mélanoïdines : complexes chimiques obtenus à partir de la condensation du glucose par des complexes aminés.

Mélasse finale : mélasse provenant de chaque masse cuite pour pouvoir contrôler efficacement le travail du département de fabrication.

Mélasse : résidu incristallisable, visqueux, issu de la fabrication du sucre.

Moulin : équipement constitué de 3 cylindres placés en position triangulaire. Il est utilisé pour le broyage.

Multiple effet : utiliser de la vapeur issue des jus pour chauffer un tube fraction du jus ou pour terminer l'évaporation commencée par la vapeur d'échappement.

Photosynthèse : fabrication peu à peu du sucre (saccharose) dans les feuilles grâce à l'action conjuguée du soleil, de l'eau et de l'air.

POL : résultante des polarisations de trois sucres : glucose, fructose et saccharose qui se trouvent ensemble dans le jus de canne et n`indique donc qu`une teneur apparente en saccharose.

Rainure des cylindres : encoche entaillée en V le long de la surface du cylindre, sur le plan perpendiculaire à l'axe de ce dernier. Il existe des rainures circulaires, Meschaert et à chevrons.

Râteau : engin accessoire de déchargement.

Réchauffeur : appareil de chauffage provoquant la coagulation des protéines et des substances colloïdales aidant ainsi à éliminer des matières insolubles par floculation ou précipitation dans les décanteurs.

Shredder : appareil qui a pour but de parfaire la préparation et la désintégration de la canne de manière à faciliter l'extraction.

Si l'on peut respecter l'opération, on l'appelle inhibition composée.

Sucre blanc cristallisé est le plus pur, puisqu'il est constitué à 99,9 % de saccharose. Il est recueilli dans les turbines après concentration sous vide et cristallisation des sirops, au stade final de l'extraction en sucrerie. Il se présente sous la forme de cristaux plus ou moins gros.

Sucre candi résulte de la cristallisation, pendant 10 à 12 jours, d'un sirop très pur concentré et chaud. Le sirop est ensuite refroidi lentement à température ambiante. C'est la caramélisation qui lui donne sa couleur brune caractéristique.

Sucre en cubes, blanc ou brun, est issu du concassage de lingots de sucre de canne, eux-mêmes obtenus par réhumidification, moulage et séchage des cristaux de sucre.

Sucre en morceaux est formé par compression et moulage de cristaux de sucre blanc ou brun encore chauds et humides. Le sucre en morceaux se présente sous la forme de dominos de tailles variables, les calibres les plus fréquents sont le No. 3 (7 g) et le No. 4 (4,5g).

Sucre en poudre, ou semoule, est obtenu après broyage et tamisage du sucre cristallisé blanc. Il se présente en cristaux d'environ 0,4 mm.

Sucre glace est une poudre blanche impalpable obtenue par le broyage extrêmement fin du sucre cristallisé blanc. De l'amidon est ajouté afin d'éviter son agglomération. Ses grains sont tellement fins que c'est le sucre qui se dissout le plus rapidement. Il se présente sous forme de cristaux inférieurs à 0,15 mm.

Sucre pour confitures est une spécialité élaborée pour les confitures, marmelades et gelées de fruits. C'est un sucre cristallisé auquel sont ajoutés des ingrédients qui facilitent la prise des préparations (pectine naturelle de fruits, acide citrique).

Sulfitation : action de l'acide sulfureux SO2 sur le jus et elle permet d'éliminer les matières colorantes.

Tourteaux de filtre : échantillons obtenus sur toute la longueur du filtre au moyen d'un plateau.

Trémie d'alimentation au défibreur : trémie dont la partie principale est la tôle de fond. En effet, en pression sèche, la limite d'extraction est pratiquement très vite atteinte, après le premier moulin l'humidité de la bagasse est déjà tombée aux environs de 60%.

Vesou : appellation créole du jus de canne.

POSTFACE

Il était opportun, voire nécessaire, de proposer un ouvrage de référence présentant de façon transversale et synthétique la sucrerie de canne en Afrique subsaharienne. Cet ouvrage a, en effet, vocation à répondre à toutes les questions qui se posent en la matière. Extraction, Epuration, Evaporation, Cristallisation et Séchage, sont ainsi traités de manière didactique et très précise.

Sucrerie en Afrique subsaharienne : procédés et métiers est un ouvrage transversal, touchant toutes les étapes du processus de transformation de la canne et des métiers qui y sont associés. Il se destine aux spécialistes de la sucrerie, aux étudiants et au grand public. Il devrait, à ce titre, devenir l'outil indispensable pour de très nombreux professionnels de la sucrerie, de même qu'il servira les décideurs publics et privés en mettant à leur portée de nombreuses données destinées à orienter leurs décisions.

Cet ouvrage comporte 5 parties et des annexes, dont les exercices d`application. Chaque partie est composée d'une introduction, des données techniques et d'une conclusion. Ce guide très complet de 259 pages, offre de façon didactique, pas moins de 105 illustrations, dont 55 figures, et 6 tableaux et 44 photos.

La première partie traite du génie des procédés. Elle présente notamment les principes et les paradigmes de cette discipline. Il en ressort que la sucrerie regorge des opérations unitaires comme l`extraction, l`évaporation, la cristallisation et le séchage.

La partie 2 est consacrée à la sucrerie et la raffinerie de canne. Les étapes essentielles de la transformation de la canne sont : le nettoyage, la coupe en morceaux, le broyage, l`extraction, l`épuration, l`évaporation, la cristallisation, le séchage et le façonnage. La raffinerie qui permet d`éliminer les impuretés comporte les étapes suivantes : refonte, décoloration, affinage.

La partie 3 est consacrée aux industries connexes à la sucrerie de canne. Les résidus de la canne (mélasse et bagasse) peuvent donner lieu à d`autres industries comme la distillerie, la levurerie et les biocarburants.

La partie 4 est concentrée à l'économie d'énergie et à la co-génération.

La partie 5 présente les métiers, dont plus de 200 répertoriés, qui concourent à la production du sucre.

Après avoir savouré les pages de ce livre avec beaucoup de plaisir, j'invite le lecteur à être un ambassadeur de la sucrerie dans son environnement, afin de donner à cette technologie toute la place qui est la sienne.

Je me permets enfin de féliciter les auteurs d'avoir pris le temps et surtout, d'avoir eu le courage de travailler dans un contexte où l'afro-pessimisme incite à une démission collective. Les auteurs, en donnant ce son de cloche différent, montrent que l'Afrique subsaharienne doit d'abord compter sur ses propres ressources humaines, pour le bien-être de ses populations. La synergie entre les universitaires et les professionnels doit être encouragée.

AMVAM ZOLLO Paul Henri

Professeur des Universités

Recteur de l`Université de Ngaoundéré

Membre du Conseil d'Administration de l'Agence Universitaire de la Francophnonie (AUF)

Officier de l'Ordre de la Valeur du Cameroun

CV DES AUTEURS

César Kapseu, Professeur titulaire, Ingénieur et Expert en procédés et énergies – Médaillé Chevreul (France), ATLAS/AAI (USA) Award, « Albert Einstein award of Excellence (ABI, USA) », Ambassadeur des Sciences (TWAS, UNESCO), Officier de l'Ordre du Mérite Camerounais, Membre de la section 'Procédés et Technologies Post récoltes' de la Commission Internationale de Génie Rural, membre de l'Académie des Sciences du Cameroun, auteur de plus 211 publications dont 8 ouvrages.

Contact : Ecole Nationale Supérieure des Sciences Agro-industrielles

BP : 455 Université de Ngaoundéré - Cameroun

Tél : (+237) 77 64 12 11 Courriel : kapseu@yahoo.fr

Ali Ahmed, Maître de Conférences, Spécialiste des procédés, Habilitation à diriger les Recherches, Directeur de l'Institut Universitaire de Technologie de l'Université de Ngaoundéré, Chevalier de l'Ordre de la Valeur du Cameroun

Contact : Institut Universitaire de Technologie
BP : 455 Université de Ngaoundéré - Cameroun
Tél : (+237) 77 11 22 20
Courriel : aliahmed_k10@yahoo.fr

Paul MINGO GHOGOMU, Maître de Conférences, Spécialiste de la chimie appliquée et des énergies, Université de Yaoundé 1,Ministre, Directeur de Cabinet au Premier Ministère du Cameroun

Contact : B.P. 7003, Yaoundé - CAMEROUN.
Tel : (237) 22 23 92 54 Fax: (237) 22 23 57 63
Courriel : pghogom@yahoo.com

Carl Mbofung, Professeur titulaire, Spécialiste de la Biochimie Alimentaire et Nutritionnelle, Membre de l'Académie des Sciences du Cameroun, Chevalier de l'Ordre de la Valeur, Membre ANEC (African Nutrition Expert Committee). Secrétaire général (Registrar) de l'Université de Bamenda, Ancien Directeur de l'Ecole Nationale Supérieure des Sciences Agro-industrielles de l'Université de Ngaoundéré.

Contact: 'College of Technology, The University of Bamenda', Bamenda, Cameroun
Tél: (+237) 77783840
Courriel: cmbofung@yahoo.com .

Guy Martial Ndong Essengue, Ingénieur des Industries Agricoles et Alimentaires (IAA) de l'École Nationale Supérieure des Sciences Agro-industrielles de l'Université de Ngaoundéré (Cameroun), Diplômé en Technologie sucrière de 'Regional training Center' à l'Ile Maurice et Chef Division de fabrication des usines à SOSUCAM, Nkoteng et Mbandjock

Contact : Tel : +237 – 98104424
BP 857 Yaoundé ; Cameroun
Courriel : gndong@sosucam.somdiaa.com

INDEX DES MOTS CLES

B

C

D

E

F

G

I

M

N

LISTE DES FIGURES

LISTE DES TABLEAUX

LISTE DES SYMBOLES

P : Pression de vapeur saturante

P* : Pression de vapeur saturante émise par l'eau

aw : Définit l'activité de l'eau dans le produit

Qa : débit d'air

Ha : Humidité d'air

To : Température d'air

N : (masse d'eau évaporée / unité de surface/unité de temps)

X : Masse d'humidité/Kg de produit sec

Ms : Masse de produit sec

A : Surface humide offerte au gaz de séchage si l'écoulement est tangentiel

t : temps nécessaire pour atteindre X_2 partant de X_1

X1 : Teneur en à l'état 1

X2 : Teneur en à l'état 2

x* : Humidité à l'équilibre

Nc : Flux d'évaporation ou capacité évaporatoire

xc : Humidité critique

Nm : Moyenne logarithmique de deux « N » (par exemple N1 et N2)

Zs : Épaisseur d'un solide

Zm : Epaisseur d'un plateau

Tg : Température d'un courant de séchage

Y : Humidité absolue

G : Flux massique

As : Surface libre du solide

Ts : Température de la surface libre solide

Qc : Chaleur reçue par convention du courant de gaz

Qm : Chaleur reçue par conduction à travers le solide

Qr : Chaleur reçue par radiation à partir d'une surface chauffée

λs : Chaleur latent de vaporisation

hc : Coefficient de convection du plateau

Km, Ks : Conduction thermique du plateau et du solide respectivement

Au, Am : Surface de contact solide/plateau et surface moyenne du solide

A : Résistance thermique dans la zone de contact

Ky : Coefficient de transfert de matière dans la phase gazeuse

Ys et Y : L'humidité de la surface du solide et gaz respectivement

Uk : Coefficient global de transfert de chaleur

Hr : Humidité relative

η : Rendement thermique

Te : Température d'ébullition

TSF : Température d'une surface de chauffage

To : Température initiale

U : Coefficient global de transfert de chaleur

LISTE DES ABREVIATIONS

AAI : African American Institute

ABI : American Bibliography Institute

ATLAS : Advanced Training for Leadership and Skill

CAMSUCO : Cameroon Sugar Company)

CDC : Cameroon Development Corporation

CST : Compagnie sucrière du Tchad

ENSAI : Ecole nationale supérieure des sciences agro-industrielles

HSE : Hygiène Sécurité Environnement

ISO : International Standard Organisation

IUT : Institut universitaire de technologie

Lo = débit du diluant à l'entrée ;

MAÏSCAM : Maïserie du Cameroun

NOSUCA : Nouvelle sucrerie du Cameroun

OPI : Ouvrier Professionnelle de l'Industrie

OS : Ouvrier Spécialisé

PL : Poids Lourds

RAQ : Responsable Assurance Qualité

S0 = débit du solvant à l'entrée ;

S1 = débit du solvant à la sortie (extrait) ; L1 = débit du diluant à la sortie (raffinat)

SABC : Société Anonyme des Brasseries du Cameroun

SARIS : société agricole de raffinage industriel du sucre

SIDEC : Société Industrielle de Détartrage Chimique et de traitement de l'eau

SOMDIAA : Société de modernisation et de développement des industries agricoles et alimentaires

SOSUCAM : Société sucrière du Cameroun

SUCAF : Sucrerie africaine

TC : Transport en Commun

TWAS : Third World Academy of Sciences

UNESCO : Organisation des Nations Unies pour l'Education, la Science et la Culture

USA : United States of America

VL : Véhicule Leger

Table des matières

L'Afrique aux éditions L'Harmattan

Dernières parutions

CROISSANCE AFRICAINE : Y CROIRE ET S'IMPATIENTER
15 clés pour comprendre les défis du continent
Heuraux Christine – Préface d'Abdou Diouf
Voici explorées les grandes thématiques qui façonnent la croissance et le développement du continent africain : ses richesses - démographiques, naturelles, agricoles et minières - ; ses faiblesses - infrastructures de transport, accès à l'eau et à l'énergie, système financier, éducation, formation ; les atouts et promesses de ses échanges commerciaux - avec le reste du monde et intra-africains.
(45.00 euros, 566 p.)
ISBN : 978-2-343-03840-7, ISBN EBOOK : 978-2-336-35250-3

SUR LE CHEMIN DU DÉVELOPPEMENT DE L'AFRIQUE
Remondo Max
L'Afrique a la possibilité de se développer, mais il existe chez les deux acteurs normalement déterminants dans cette entreprise complexe des handicaps qui l'empêchent d'y parvenir. Pour l'Africain, ce sont des traits de culture inhibiteurs. Pour l'État postcolonial, c'est l'absence ou l'insuffisance des conditions fondamentales de développement.
(Coll. Études africaines, 22.50 euros, 217 p.)
ISBN : 978-2-343-03321-1, ISBN EBOOK : 978-2-336-35279-4

HISTOIRE DES IDÉES ET DES FAITS SOCIOÉCONOMIQUES DE L'AFRIQUE
Bomfie Edmond Mokuinema
Cet ouvrage a pour objet la mise en débat de grandes idéologies qui ont traversé l'Afrique noire depuis le mercantilisme jusqu'à la mondialisation actuelle. Ces idéologies constituent non seulement des facteurs de rivalité ou de solidarité entre les communautés humaines mais elles peuvent aussi booster les changements sociaux. Pourtant des mythes et des inégalités se cachent derrière ces idéologies dominantes que l'Afrique subit, que l'intelligentsia africaine se doit de démasquer.
(Coll. Études africaines, 17.00 euros, 170 p.)
ISBN : 978-2-343-03547-5, ISBN EBOOK : 978-2-336-35240-4

DES SYMPHONIES POUR LA CROISSANCE VERTE
Littérature et dynamiques de l'environnement
Amuri Mpala-Lutebele Maurice
La croissance verte, c'est aussi l'oralité africaine. Elle cristallise effectivement la conscience écologique de l'Africain traditionnel qui véhicule des connaissances abondantes sur le monde qui nous entoure. La croissance verte, c'est la coexistence homme-nature dans le monde réel.
(Coll. Comptes Rendus, 46.00 euros, 416 p.)
ISBN : 978-2-343-04046-2, ISBN EBOOK : 978-2-336-35311-1

CES 100 DIGNITAIRES QUI CHANGÈRENT L'AFRIQUE PROCONSULAIRE SOUS LE HAUT-EMPIRE ROMAIN – Riches et généreux – 27 av J.-C. - 284 ap. J.-C.
Mouckaga Hugues
Cet ouvrage répertorie, parmi d'autres, 100 dignitaires issus d'un certain nombre de cités sous le Haut-Empire romain, qui ont accumulé de la richesse par le biais d'activités orthodoxes

- l'agriculture, l'élevage et les fonctions intellectuelles - et hétérodoxes - l'art, l'artisanat, le commerce - et qui laissèrent la réputation d'hommes et de femmes généreux. Nous pénétrons ainsi dans cette société africaine de l'Antiquité.
(20.00 euros, 198 p.)
ISBN : 978-2-343-03594-9, ISBN EBOOK : 978-2-336-35257-2

ARMES LÉGÈRES ET GROUPES ARMÉS EN AFRIQUE SUBSAHARIENNE
Effets pernicieux sur le développement économique et social
Essimbe Victor
La disponibilité et l'utilisation incontrôlée des armes légères et de petit calibre par les groupes armés peuvent avoir des conséquences destructrices sur l'activité économique officielle et informelle. Ce livre fait le tour complet des handicaps à l'essor économique et au bien-être social des sous-régions de la CEDEAO et de la CEEAC, causés par la «synergie» groupes armés-armes légères.
(Coll. Études africaines, 27.50 euros, 268 p.)
ISBN : 978-2-336-29316-5, ISBN EBOOK : 978-2-296-53936-5

ACCORDS (LES) POLITIQUES DANS LA RÉSOLUTION DES CONFLITS ARMÉS INTERNES EN AFRIQUE
Ehueni Manzan Innocent - Préface de Jean du Bois de Gaudusson
La question des conflits armés constitue un véritable «casse-tête africain» aussi bien pour les acteurs locaux qu'internationaux. Comment sortir de cette insécurité chronique et de la guerre civile et parvenir à une stabilité et un développement durables ? Ce livre expose la conclusion des accords politiques en insistant distinctement sur l'environnement politique de leur formation ainsi que sur le cadre juridique qui les caractérise. Il procède aussi à l'examen de l'application de ces accords.
(Coll. Défense, Stratégie et Relations Internationales, 60.00 euros, 772 p.)
ISBN : 978-2-343-00551-5, ISBN EBOOK : 978-2-296-53836-8

AFRIQUE (L') N'A PAS DIT SON DERNIER MOT : L'INCULTURATION
Séménou Romain Mensan
L'Afrique va-t-elle si mal ? Les Africains ont-ils les ressources ontologiques et anthropologiques nécessaires au développement du continent ? La culture et la tradition africaines sont-elles viables et efficientes à ces heures de mondialisation ? Quel est l'impact de la religiosité sur le développement du continent africain ? L'Église est-elle complice du sous-développement africain ? Voilà les questionnements qui constituent la texture de ce livre autour d'un thème théologique : l'inculturation.
(Coll. Points de vue, 14.00 euros, 136 p.)
ISBN : 978-2-336-30159-4, ISBN EBOOK : 978-2-296-53760-6

RUSES (LES) DE LA MONDIALISATION EN AFRIQUE NOIRE
Le rôle des intermédiaires du développement
Louvel Roland
L'intégration de l'Afrique noire dans les réseaux planétaires s'est traduite par un «coût de raccordement» très élevé pour le continent. Elle n'aurait jamais pu s'opérer sans l'entremise d'un certain nombre d'intermédiaires : à la fois passeurs et passages obligés, ils mettent en relation, favorisent les échanges, ouvrent les voies du commerce et de la transmission des savoirs. Ces personnages de l'entre-deux interfèrent tout autant qu'ils s'approprient et transmettent les apports extérieurs, en position d'interface entre deux systèmes.
(26.00 euros, 262 p.)
ISBN : 978-2-336-30095-5, ISBN EBOOK : 978-2-296-53802-3

AFRIQUE SUBSAHARIENNE
Mémoire, histoire et réparation
Dampha Lang Fafa
L'Afrique subsaharienne est la seule partie du monde à avoir subi l'esclavage à échelle massive, ainsi que la colonisation, l'apartheid, le commerce des esclaves et le colonialisme occidental, le

tout dans une atmosphère de brutalité sans précédent. Plus de cinquante ans après l'accession à la souveraineté du premier pays de l'Afrique subsaharienne, le Ghana de Kwame Nkrumah (1957), un regard analytique porté sur le continent révèle une situation qui est loin d'inciter à l'optimisme.
(Coll. Racines du Présent, 21.00 euros, 204 p.)
ISBN : 978-2-336-29371-4, ISBN EBOOK : 978-2-296-53724-8

UN BLANC DRAMATIQUEMENT NOIR
55 années en Afrique noire
Sénégal - Côte d'Ivoire - Cameroun - Gabon - Congo - Togo - Niger - Mali - Guinée - Burkina - Mauritanie
Decupper Joël - Préface de Venance Konan
Voici le récit exceptionnel de 55 années d'existence hors norme en Afrique Noire francophone d'un Français autodidacte devenu patron de presse (Afrique Sport, Afrique Médicale, Africa International, Éditions Chaka...), proche de plusieurs Chefs d'État alors que d'autres l'auraient volontiers pendu. Voici un regard frondeur sur l'Afrique, ses élites, ses mœurs, sans retenues ni déférence, sans préjugés ni parti pris. Le récit fourmille de faits inédits, de péripéties drôles et fâcheuses.
(27.00 euros, 364 p.)
ISBN : 978-2-343-00946-9, ISBN EBOOK : 978-2-296-53781-1

OBTENTION (L') DES BREVETS PHARMACEUTIQUES EN AFRIQUE
Le cas des pays de l'Organisation Africaine de la Propriété Intellectuelle (OAPI)
Juvet Lowé Gnintedem Patrick - Préface de Tshimanga Kongolo
Le législateur OAPI a entendu faire de la propriété intellectuelle un instrument de développement pour les États membres, tout en s'arrimant aux textes internationaux pertinents. Mais le texte adopté lève-t-il pour autant les appréhensions résultant du souci d'assurer l'accès aux médicaments dans un contexte de développement particulier ?
(Coll. Études africaines, 21.50 euros, 216 p.)
ISBN : 978-2-343-00374-0, ISBN EBOOK : 978-2-296-53811-5

LETTRES DE VOYAGE
De la Mer Rouge à l'Atlantique (1901-1903)
Du Bourg de Bozas Robert - Avant-propos et notes de Claude Guillemot
Au tout début du XXe siècle, Robert du Bourg de Bozas, jeune aristocrate fortuné et cultivé, organise à ses frais une mission scientique à travers l'Afrique soutenue par le ministère de l'Instruction publique. Parti de Djibouti le 2 avril 1901, accompagné d'un jeune médecin, de deux autres Européens et d'une imposante caravane, il meurt de paludisme au Congo dans la nuit de Noël 1902. Tout au long de son périple, il entretient une correspondance avec ses proches et particulièrement avec son père.
(Coll. Mémoires du XXe siècle, 13.50 euros, 126 p.)
ISBN : 978-2-343-00244-6, ISBN EBOOK : 978-2-296-53944-0

CHRONIQUES POUR L'ÉMERGENCE D'UNE AFRIQUE RAYONNANTE
Bissog Martial - Avant-propos de Léonard Gofake - Préface de Guy Parfait Songue
L'auteur jette un regard panoramique sur la société africaine actuelle et le rôle des Africains dans le grand jeu politique du monde. Cette compilation de chroniques est un appel à une prise de conscience et de responsabilité de la part de tous les acteurs du continent, pour mettre sur les rails un nouveau modèle de pensée et de développement afin qu'émerge une Afrique rayonnante.
(Coll. Points de vue, 19.00 euros, 196 p.)
ISBN : 978-2-336-29302-8, ISBN EBOOK : 978-2-296-53521-3

ORIENTATION (L') DES JEUNES EN AFRIQUE
Okene Richard - Préface de Raoul Boniface Kassea
Depuis 1995, les instances internationales ne cessent de proposer aux pays africains de mieux préparer les jeunes à faire face aux bouleversements de ces dernières décennies. Avec insistance,

elles soulignent la nécessité de mettre en œuvre dans chaque pays un système d'orientation et de conseil rénové, apte à assurer le développement global de leur population, avec un accent particulier sur les filles et les femmes.
(Coll. Enseignement et éducation en Afrique, 22.00 euros, 218 p.)
ISBN : 978-2-336-30088-7, ISBN EBOOK : 978-2-296-53602-9

POLITIQUE ET INDÉPENDANCES AFRICAINES
Coordonné par Eyene Mba Jean-Rodrigue-Elisée
Cet ouvrage entreprend de lire les «indépendances africaines» à travers le prisme de ses propres résultats politique, économique et culturel. Il y parvient en mobilisant la dynamique conceptuelle à l'œuvre dans le discours philosophique. Ce qui est en jeu, c'est la capacité de l'Afrique noire à se refaire, à se recréer, en un mot, à se comporter autrement et différemment.
(Coll. Philosopher en Afrique, 14.00 euros, 130 p.)
ISBN : 978-2-336-30157-0, ISBN EBOOK : 978-2-296-53587-9

HEGEL, MARX, ENGELS ET LES PROBLÈMES DE L'AFRIQUE NOIRE
Dieng Amady Aly
Cet ouvrage cherche à susciter des discussions de fond autour des difficultés de l'application du marxisme dans les pays où le prolétariat industriel n'est pas encore très développé. Il s'agit de créer les conditions d'une véritable discussion sur le rôle du marxisme dans la solution des grands problèmes du continent africain.
(20.00 euros, 204 p.)
ISBN : 978-2-296-99534-5, ISBN EBOOK : 978-2-296-53702-6

FRANÇAIS DE FAIT ET DE DROIT
Chronique d'une (ré)intégration réussie
Nyamat Will Mael
Malgré le refus du général de Gaulle d'accepter la départementalisation du Gabon, en violation de la Constitution de la Ve République, l'auteur a le sentiment d'être resté «de fait» français, «colonisé» malgré lui jusqu'à la moelle épinière. Une situation d'autant plus injuste que la France conserve sa mainmise sur le Gabon. Nous devions parler le français, manger français, acheter français, mais n'avions pas le droit d'être Français. Nous avions des obligations, mais aucun droit.
(Coll. Racines du Présent, 12.00 euros, 106 p.)
ISBN : 978-2-296-99855-1, ISBN EBOOK : 978-2-296-53671-5

RENAISSANCE (LA) ÉCONOMIQUE DE L'AFRIQUE
Les signes avant-coureurs d'une puissance en gestation
Matamba Tumba Bob - Préface de Lye M. Yoka
La renaissance du continent africain est un fait indéniable, même si une analyse pointue révèle que cette mécanique ascensionnelle est loin d'avoir atteint la vitesse critique qui garantirait le point de non-retour. L'implication de la volonté politique, à l'échelon national autant que continental, reste le seul gage d'un développement durable et irréversible. Dans ce livre, l'auteur décortique les enjeux de ce marathon économique continental.
(Coll. Comptes Rendus, 20.00 euros, 192 p.)
ISBN : 978-2-336-29764-4, ISBN EBOOK : 978-2-296-53642-5

QUÊTE (LA) IDENTITAIRE DU SUJET AFRICAIN MODERNE
Perspective psychohistorique et comparée
Same Kolle Samuel
En s'opposant à l'oppression occidentale, des Africains ont entrepris, au début du XXe siècle, un travail d'identification de soi. L'auteur tente aujourd'hui de définir les éléments pour une reconstruction plus fondamentale d'un sujet africain qui, puisant ses ressources en soi et en l'autre, s'inscrit résolument dans la modernité. La méthode qui s'initie ici est une psychologie historique et comparée.
(Coll. Pensée Africaine, 18.00 euros, 188 p.)
ISBN : 978-2-336-00882-0, ISBN EBOOK : 978-2-296-53673-9

638007 - Janvier 2016
Achevé d'imprimer par

1livre.com
du rêve à la réalité !

www.ingramcontent.com/pod-product-compliance
Lightning Source LLC
LaVergne TN
LVHW011315061026
849535LV00005B/1571
* 9 7 8 2 3 4 3 0 4 5 6 4 1 *